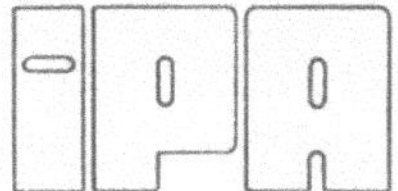

Forschung und Praxis · Band 48

**Berichte aus dem Fraunhofer-Institut
für Produktionstechnik und Automatisierung,
Stuttgart, und dem Institut
für Industrielle Fertigung und Fabrikbetrieb
der Universität Stuttgart**

Herausgeber: Prof. Dr.-Ing. H. J. Warnecke

Joachim Warschat

Dynamische Optimierung technisch-ökonomischer Systeme

Mit 60 Abbildungen

Springer-Verlag
Berlin Heidelberg New York   1981

Dipl.-Ing. Joachim Warschat
Fraunhofer-Institut für Produktionstechnik und Automatisierung (IPA), Stuttgart

Dr.-Ing. H. J. Warnecke
o. Professor an der Universität Stuttgart
Fraunhofer-Institut für Produktionstechnik und Automatisierung (IPA), Stuttgart

D 93

ISBN-13: 978-3-540-10717-0   e-ISBN-13: 978-3-642-81637-6
DOI: 10.1007/ 978-3-642-81637-6

Gesamtherstellung: Drucken + Werben GmbH · Löwenstraße 94 · 7000 Stuttgart 70 · Telefon (07 11) 76 49 59.
2362/3020—543210

Geleitwort des Herausgebers

Die Entwicklungen in der Produktionstechnik in den
letzten Jahrzehnten haben entscheidend zur positiven
wirtschaftlichen und sozialen Entwicklung in der
Bundesrepublik Deutschland beigetragen. Die Produktivi-
tät konnte jedes Jahr um durchschnittlich etwa 3,5 %
gesteigert werden. Mechanisierung und Automatisierung wurden und werden stetig weiter vorangetrieben.
Während es sich bisher jedoch um Verbesserungen an einzelnen Maschinen und Anlagen sowie Verfahren handelte,
werden heute alle Unternehmensbereiche erfaßt, und man
ist bemüht, das gesamte System Unternehmen bzw. Produktionsbetrieb zu optimieren. Das klassische Bemühen um
Optimierung des Einsatzes und Zusammenwirkens der Pro-
duktionsfaktoren Mensch, Maschine und Material muß heute
erweitert werden um die Berücksichtigung sozialer Belange,
gesetzlicher Auflagen, Probleme der Energieversorgung,
schnellen Veränderungen an den Produkten und auf den
Märkten sowie Sicherung der Qualität und der Lieferfähig-
keit.

Von wissenschaftlicher Seite wird und muß dieses Bemühen
unterstützt werden durch die Entwicklung von Methoden
und Vorgehensweisen zur systematischen Analyse und Verbesserung des Systems Produktionsbetrieb. Hier ist heute
insbesondere auch der Fertigungsingenieur gefordert,
nicht nur einzelne Maschinen und Verfahren zu beherrschen,
sondern das gesamte komplexe System hinsichtlich der Ver-
knüpfung seiner Elemente durch zweckmäßigen Informations-
und Materialfluß. Beispielhaft seien dazu nur hinsichtlich des Informationsflusses die heute gegebenen Möglichkeiten der Datenerfassung und -verarbeitung in Fertigungsplanung und -steuerung, an den einzelnen

Produktionsanlagen sowie im Qualitätswesen genannt.
Im Materialfluß geht es um richtige Auswahl und Einsatz von Fördermitteln, Förderhilfsmitteln sowie An-
ordnung und Ausstattung von Lägern. Der weiteren Automatisierung in der Handhabung von Werkstücken und
Werkzeugen sowie der Montage von Produkten wird in
nächster Zukunft allergrößte Aufmerksamkeit geschenkt
werden. Leistungsfähige Sensoren werden die Möglichkeiten dafür sehr stark vergrößern.

Die beiden vom Herausgeber geleiteten Institute, das
Institut für Industrielle Fertigung und Fabrikbetrieb
der Universität Stuttgart sowie das Fraunhofer-Institut
für Produktionstechnik und Automatisierung in Stuttgart,
arbeiten in grundlegender und angewandter Forschung
intensiv an den aufgezeigten Entwicklungen in der Produktionstechnik mit. Zur Umsetzung gewonnener Erkennt-
nisse wird die Schriftenreihe "IPA Forschung und Praxis"
herausgegeben. Der vorliegende Band setzt diese Reihe
fort, eine Übersicht über bisher erschienene Titel wird
am Schluß dieses Bandes gegeben.

Dem Verfasser sei für die geleistete Arbeit gedankt,
dem Springer-Verlag für die Aufnahme dieser Schriftenreihe in seine Angebotspalette und der Druckerei für
saubere und zügige Ausführung. Möge das Buch von der
Fachwelt gut aufgenommen werden.

Hans-Jürgen Warnecke

<u>Vorwort</u>

Die vorliegende Arbeit entstand während meiner Tätigkeit als
wissenschaftlicher Mitarbeiter am Fraunhofer-Institut für
Produktionstechnik und Automatisierung (IPA) in Stuttgart.

Herrn Prof. Dr.-Ing. H.J. Warnecke, dem Leiter des Institutes,
bin ich für die wohlwollende Förderung der Arbeit zu besonderem
Dank verpflichtet.

Mein Dank gilt ferner Herrn Prof. Dr.-Ing. W. Schiehlen für die
eingehende Durchsicht der Arbeit und die sich daraus ergebenden
Hinweise.

Allen Mitarbeitern des Institutes, die mir bei der Fertigstellung
dieser Arbeit behilflich waren, danke ich ebenfalls. Dieser Dank
gilt insbesondere den Herren Dipl.-Ing. A. Hefler, Dr.-phil.,
Dipl.-Phys. K. Kornwachs und Dipl.-Ing., Dipl.-Kfm. G. Tsotsis,
die durch wertvolle Kritik und Anregung zu dieser Arbeit beigetragen haben.

Stuttgart, November 1980   Joachim Warschat

INHALTSVERZEICHNIS

Um die allgemeine Anwendbarkeit der dargestellten Modelle nicht einzuschränken, ist als Dimension der Sammelbegriff "Menge" angegeben. Hier werden je nach den betrieblichen Gegebenheiten die Dimensionen Länge oder Masse, oder die Dimension eins eingesetzt, wenn die entsprechende Größe in der Einheit Stück angegeben wird.

Lateinische Kleinbuchstaben bezeichnen Skalare, lateinische unterstrichene Kleinbuchstaben bezeichnen Vektoren.
Lateinische Großbuchstaben bezeichnen Matrizen mit den Ausnahmen H für die Hamiltonfunktion und T für die Simulationszeit.
Überstrichene lateinische Großbuchstaben bezeichnen Mengen.
Indizierte lateinische Großbuchstaben bezeichnen Punkte.
Griechische Großbuchstaben bezeichnen Operatoren.

Zeichen	Dimension	Erklärungen
a, $\underline{a}$		Systemparameter
a_i		Koeffizienten der Tschebyscheff-Polynome
A, $\tilde{A}$		Systemmatrix
AB	Menge	Auftragsbestand
AM		Absatzmarkt
AR	Menge/Zeit	Auftragsrate
b, $\underline{b}$, $\underline{\tilde{b}}$		Parameter der Steuer- und Störgrößen
b_i		Koeffizienten der Legendre-Polynome
BM		Güterbeschaffungsmarkt
BQ_i		Bewertungsfaktoren für Zustandsgrößen
BU_i		Bewertungsfaktoren für Steuergrößen
$\underline{c}$		Beobachtungsvektor
$\overline{C}$		Menge der Verknüpfungen
CPT	Zeit	<u>C</u>entral <u>P</u>rocessor <u>T</u>ime
DAR	Menge/Zeit	Durchschnittliche Auftragsrate
DLR	Menge/Zeit	Durchschnittliche Lieferrate
DR	Menge/Zeit	Desinvestitionsrate
DSC		<u>D</u>avies, <u>S</u>wann und <u>C</u>ampex Methode
$\overline{e}$		Element von $\overline{E}$

Zeichen	Dimension	Erklärungen
$\underline{e}_i$		Einheitsvektor
$\bar{E}$		Menge der Elemente $\bar{e}$
$\bar{E}_i$		Eigenschaft des Elementes $\bar{e}_i$
$\mathbb{E}^n$		Euklidischer Raum
ELP		Einflußgröße des Linearen Programmierungsmodells
$f(.)$		Funktion
F_i		Wert einer Funktion an der Stelle x_i
FB		Finanzbereich
F_s		Straffunktion
$g(.)$		Funktion
GKV		Geplante Kapazitätsveränderung
GLPK	Menge	Geplante Produktionskapazität
GLR	Menge/Zeit	Gewünschte Lieferrate
GM	.	Geldmarkt
GPAB	Zeit	Gewünschte Produktion im Auftragsbestand
GPK	Menge	Gesamte Produktionskapazität
GPROD	Menge/Zeit/ Menge	Geplante Produktivität
GZ	Zeit	Glättungszeit
H		Hamiltonfunktion
h, h_i		Hurwitzdeterminanten
i		laufender Index
I		Einheitsmatrix
j		laufender Index
$J(.)$		Gütefunktion
k		Anzahl der Optimierungszyklen
k_{imax}		Maximaler Wert der Variablen x_i
K		Verstärkungsfaktor (Reglerparameter)
$K(t)$		Verstärkungsmatrix
K^*		Stätionäre Verstärkungsmatrix
l		Laufender Index
$\bar{L}$		Auflösungsgrad
L_i		Legendre-Polynom
$L(t)$		Systemzustand
LP		Lineares Programmierungsmodell

Zeichen	Dimension	Erklärungen
m		Zählvariable
n		Zählvariable
N		Natürliche Zahlen
NB		Nachfragebereich
NC		Numerical Control
$p(t)$	Menge/Zeit	Aktuelle Produktionsrate
$p_s(t)$	Menge/Zeit	Sollproduktionsrate
$\bar{P}$		Menge der Attribute
PB		Produktionsbereich
PK	Menge	Produktionskapazität
PROD	Menge/Zeit/ Menge	Produktivität
PRODOP		Steuergröße
PWK	Menge/Zeit	Produktionskapazität wird produktiv
q_i		Gewichtungsfaktor
Q		Bewertungsmatrix
$\underline{r}(t)$		Optimaler Steuervektor bei inhomogenen kanonischen Gleichungen
$\underline{r}^*$		Optimaler stationärer Steuervektor
R		Lösungsmatrix der Ljapunov'schen Gleichung
$\bar{R}$, $\bar{R}^*$		Relationen
$R(t)$; $Re(t)$, $Ra(t)$		Rate; Eingangs-, Ausgangsrate
R_{zuf}		Zufallszahl
R		Reelle Zahlen
RZ	Zeit	Reaktionszeit
s		Variable der Laplacetransformierten
$\bar{s}$		Koeffizienten der Tschebyscheff-Polynome
$S(t)$		Sensitivitätsmatrix
S^*		Steuermatrix
S_1, S_2		Schalter
$\bar{S}$, $\bar{S}_1$, $\bar{S}_2$		Systeme
SD		System Dynamics
ST		State-Transition
t	Zeit	Zeit

Zeichen	Dimension	Erklärungen
t_0	Zeit	Anfangszeitpunkt
t_{max}	Zeit	Größter Zeitwert
Δt	Zeit	Zeitdifferenz
T	Zeit	Simulationsendzeitpunkt
$\bar{T}$		Menge der Zeitpunkte
$T_i(t)$		Tschebyscheff-Polynom
TEST		Testfunktion
TI	Zeit	Integrationszeitkonstante
TP	Zeit	Verzögerungszeit
TSW		Testschrittweite
TT		Störfunktion
$\underline{u}(t)$		Steuervektor
UC		$\underline{U}$niverse of discours and $\underline{c}$ouplings
$\underline{v}$		Variablenvektor
$\underline{v}_c$		Simplexschwerpunkt
$\underline{v}_e$		Expandierter Simplexpunkt
$\underline{v}_h$		Bester Simplexpunkt
$\underline{v}_{k1}$		Extern kontrahierter Simplexpunkt
$\underline{v}_{k2}$		Intern kontrahierter Simplexpunkt
$\underline{v}_l$		Schlechtester Simplexpunkt
$\underline{v}_{rf}$		Reflektierter Simplexpunkt
$\underline{v}_z$		Zweitbester Simplexpunkt
v_N		Normierte Variable
$\bar{V}_i$		Wertemenge der Variablen v_i
VAR		Variable
VKL		Steuergröße für die Schrittweiten-änderung
w, $\underline{w}$		Führungsgröße
w_o		Obere Grenze der Führungsgröße
w_u		Untere Grenze der Führungsgröße
WLV	Zeit	Wahrgenommene Lieferverzögerung
x, $\underline{x}$		Zustandsgröße, Regelgröße
$\underline{x}_a$		Ausgangsgröße
$\underline{x}_e$		Eingangsgröße
x_w		Regelabweichung
x_{wbl}		Bleibende Regelabweichung
$\underline{\tilde{x}}_i$		Zum i-ten Eigenwert gehörender Eigenvektor

Zeichen	Dimension	Erklärungen
XG_1, XG_2, XG_3		Gewichtungsfaktoren
XINK	Menge	Investierte Kapazitäten
XINR	Menge/Zeit	Installationsrate
XIR	Menge/Zeit	Investitionsrate
XIZ	Zeit	Installationszeit
XKAPAU		Kapazitätsauslastung
XKV	Menge/Zeit	Kapazitätsveränderung
XLR	Menge/Zeit	Lieferrate
XLV	Zeit	Lieferverzögerung
XMOPA	Zeit	Monatsproduktion im Auftragsbestand
XN	Menge/Zeit	Nachfrage
XNALV		Nachfragewirkung der Lieferverzögerung
XNI	Menge	Neuinvestitionen
XNW	Menge/Zeit	Wirkende Nachfrage
y		Stellgröße, Ausgangsgröße
$\underline{y}$		Transformierter Zustandsvektor
$z(t)$, $\underline{z}(t)$, $\bar{\underline{z}}(t)$		Störgröße, Störvektor
$\bar{Z}$		Menge der Systemzustände
ZB		Leitungsbereich
ZK	Zeit	Zeitkonstante
α		Faktor der Suchschrittweitenänderung, Reflexionskoeffizient
$\bar{\alpha}$	1/Zeit	Zeitkonstante
β		Faktor der Suchschrittweitenänderung, Expansionskoeffizient, Gewichtungsfaktor des Steuervektors $\underline{u}(t)$
γ		Kontraktionskoeffizient
Γ		Operator
δ_i		Suchschrittweite
ε		Genauigkeitsschranke
η		Faktor zur Korrektur von ε
$\varkappa$		Anzahl maximal zulässiger Zufallsbewegungen

Zeichen	Dimension	Erklärungen
λ		Lagrangemultiplikator
μ		Anzahl der Reglerparameter
ν_i		Eigenwerte
ξ_i		Reelle Zahl
π		Multiplikationszeichen
ρ		Faktor zur Korrektur von R_{zuf}
σ		Schalter zur Suche eines Minimums oder Maximums
τ	Zeit	Zeit
Φ		Operator

Untersuchungen von Gershefski /17/ und Naylor und Jeffress /42/
zeigen, daß das Interesse der Industrie in den USA und in Europa an leistungsfähigen rechnerunterstützten Management-Planungssystemen in den letzten Jahren stark zugenommen hat.
Der Grund für diesen wachsenden Bedarf ist in der sich rasch
vollziehenden, starken Änderung wichtiger sozialer, wirtschaftlicher und technologischer Faktoren im Verlauf der letzten Jahre
zu sehen, Steiner /56/. Damit verbunden ist die Notwendigkeit,
immer häufiger die ursprüngliche Planung zu revidieren, neue
Alternativen systematisch zu durchdenken und in kurzfristigen
Zeitabständen Entscheidungen mit langfristigen Auswirkungen zu
treffen (Oertli /44/, Diebold /12/).

Die Einteilung der zur Unterstützung der Planung verwendeten
Modelle nach Jacob /29/ in:

- Simulationsmodelle [1] und
- Optimierungsmodelle [2]

weist dabei auf zwei unterschiedliche Planungsgesichtspunkte
hin. Das folgende Zitat verdeutlicht die weit verbreitete Auffassung von der Gegensätzlichkeit der beiden Modelltypen:

"In manchen Fällen mag zwar die Möglichkeit bestehen, durch systematisches Probieren Hinweise dafür zu erlangen, in welcher
Richtung das ursprünglich vorgegebene Maßnahmenprogramm geändert werden müßte, um einen höheren Zielverwirklichungsgrad zu
erreichen; das ändert aber nichts an der Tatsache, daß Simulationsmodelle in der Regel zur Bestimmung von Optima ungeeignet
sind. Insbesondere gilt dies dann, wenn die Anzahl der Entscheidungsvariablen relativ groß ist, wie es im Rahmen realitätsnaher, gegebenenfalls mehrperiodischer Modelle regelmäßig
der Fall sein wird", Jacob /29/.

---

[1] Einen Überblick über die Anwendungsgebiete von Simulationsmodellen im Unternehmen gibt Hahn /21/.
[2] Anwendungen von Optimierungsmodellen finden sich in Zimmermann /64/.

Es ist also zu entscheiden, ob ein

- realistisches Modell, z.B. mit zeitvariablen Größen und
  nichtlinearen Zusammenhängen, erstellt werden soll, das das
  Verhalten des Planungsobjektes recht gut abbildet, das auf
  der anderen Seite jedoch keinen zielgerichteten Einsatz er-
  laubt, oder ob ein
- idealisiertes Modell, z.B. mit zeitinvarianten Größen und
  linearen Zusammenhängen, erstellt werden soll, das zielge-
  richtet einsetzbar, also optimierbar ist.

In der Praxis treten jedoch häufig Probleme auf, die ein realistisches und damit komplexes Modell erfordern, das außerdem
optimierbar sein soll, Oertli /45/.
Die bisherigen Ansätze zur Lösung dieses Problems verwenden als
Simulationsmodell ein System von Differentialgleichungen erster
Ordnung, die nichtlineare Größen (Produkte von Systemgrößen
und Kennliniennichtlinearitäten) beinhalten. Die Modelle werden
erstellt mit der von Forrester /15/ entwickelten Methode
"System Dynamics" und werden simuliert mit den Simulationsspra-
chen DYNAMO (Pugh /45/) oder CSMP /11/.
Zur Optimierung dieser Modelle werden drei Vorgehensweisen vor-
geschlagen:

a) Die Ermittlung einer Sensitivitätsmatrix $S(t)$, Stübel /57/,
   die die Zusatzbewegungen des Systems bei kleinen Änderungen
   der Parameter $\underline{a}$ um $\Delta \underline{a}$ wiedergibt und deren Elemente durch
   die Ableitung der Systemgleichungen nach $\underline{a}$ gewonnen werden.
   Stübel verweist dann auf die Möglichkeit, aus der Kenntnis
   der Zusatzbewegung mit Hilfe von Optimierungsverfahren eine
   Vorgehensweise zur Optimierung des Systems selbst zu entwickeln, führt diesen Ansatz jedoch nicht weiter aus.

b) Die Kombination des Simulationsmodells mit einem linearen
   Programmierungsmodell (LP), Steinbach /55/. Das LP-Modell
   stellt dabei den Gegenstandsbereich im Vergleich zum System
   Dynamics Modell stark vereinfacht dar, besitzt aber den Vor-
   teil, mit herkömmlichen Verfahren, z.B. dem Simplexverfahren,
   Zimmermann /64/, optimierbar zu sein. Die durch das LP-

Modell ermittelten optimalen Werte werden dann dem Simulationsmodell als Sollwerte vorgegeben. Wenn die Werte des Simulationsmodells nach einer bestimmten Simulationszeit von den Sollwerten um einen gewissen Betrag abweichen, wir die Simulation abgebrochen. Die sich ergebenden Werte werden an das LP-Modell zurückgegeben, welches dann auf der Basis dieser Daten neue Sollwerte errechnet.

c) Die Einbeziehung des Simulationsmodells in einen Regelkreis, Krallmann /36/. Das Modell ist dabei mit der Regelstrecke identisch, deren Ausgangsgrößen mit jeweils einer fest vorgegebenen oberen und unteren Grenze in der Gütefunktion verglichen und deren Abstände von den Grenzen bewertet werden. Der Optimierungsalgorithmus versucht nun durch die Veränderung von bestimmten Parametern in den Systemgleichungen die bewerteten Abweichungen der Variablen von den Grenzen zu minimieren.

Alle drei Verfahren stellen gewisse Anforderungen an das Modell oder die Gütefunktion und schränken so ihre Anwendbarkeit mehr oder weniger ein. Vorgehensweise a) fordert die Ableitbarkeit der Systemgleichungen nach den Parametern, eine Bedingung, die bei den in System Dynamics Modellen häufig vorkommenden Unstetigkeiten nur selten erfüllt ist. Vorgehensweise b) stellt im strengen Sinn keine Optimierung des Simulationsmodells dar, weil die im linearen Gleichungssystem (LP-Modell) ermittelten optimalen Werte im Differentialgleichungssystem keineswegs optimal sein müssen. Verfahren c) schließlich stellt eine Parameteroptimierung dar, bei der die Grenzen der zu optimierenden Größen a priori bekannt sein müssen.

Ziel der vorliegenden Arbeit ist die Entwicklung einer Vorgehensweise, die

1. keine einschränkenden Bedingungen an die Modellgleichungen stellt,
2. eine direkte Optimierung des Simulationsmodells ohne "Hilfsmodell" wie bei Vorgehensweise b) durchführt und

3. in der Lage ist, über eine Parameteroptimierung hinaus
   eine Strukturoptimierung vorzunehmen.

Zur Realisierung der beiden ersten Punkte wird die Optimierung
mit direkten Suchverfahren durchgeführt, die ohne Ableitungen
der Systemgleichungen auskommen. Da diese Verfahren aber nur
eine Parameteroptimierung durchführen können, wird zur Verwirk-
lichung des dritten Punktes die gesuchte optimale Steuerfunktion $\underline{u}(t)$ durch ein Polynom approximiert, dessen Parameter dann
vom Optimierungsalgorithmus variiert werden, wobei hinsichtlich
der Wahl des Gütekriteriums keine Einschränkungen gemacht werden.

2.1   Die Begriffe System und Modell

Der Begriff des Modells wird in der vorliegenden Arbeit im Sinne
der Systemtheorie verwendet. Er setzt den Begriff des Systems
voraus, so daß zunächst eine Erklärung dieses Begriffes erforder-
lich ist.

System

Die Trennung zwischen System und Umwelt hängt von der Lösung des
folgenden Problems ab: Im Rahmen einer gewählten Theorie müssen
Attribute [1] gefunden werden, die das System charakterisieren
und es so von seiner Umwelt unterscheidbar machen. Die Ausblen-
dung nicht interessierender Aspekte wird dabei bewußt in Kauf genommen. Diese pragmatische Komponente des Vorgehens erklärt die
vielfältigen Definitionsmöglichkeiten des Begriffes System. So
gibt z.B. Klir /31/ 24 verschiedene Systemdefinitionen aus der
Literatur an.

Für die in dieser Arbeit behandelte Problematik ist die folgende
Systemdefinition, die den strukturalen und den funktionalen Sy-
stemaspekt enthält, von besonderer Bedeutung, Händle, Jensen
/20/.

Ein System ist definiert durch die Angabe seiner UC-Struktur
(Structure of Universe of Discourse and Couplings). Die UC-
Struktur beinhaltet einmal die Angabe der Menge $\bar{E}$ aller Elemente $\bar{e}$ und die Menge der Verknüpfungen $\bar{C}$ dieser Elemente
(strukturaler Aspekt). Damit ergibt sich das System $\bar{S}$ zu:

$$\bar{S} = \left\{ \bar{E},\ \bar{C} \right\} \tag{2.1}$$

und die Angabe des realen permanenten Verhaltens $\bar{E}_i$ (funktiona-
ler Aspekt) jedes dieser Elemente $\bar{e}_i$, wobei das Verhalten jedes Elementes wieder eine Menge ist, definiert durch folgende
Formel [2]:

---

1) Attribute sind die Merkmale eines Systems und deren Ausprä-
   gungen (z.B.: Temperatur/ 40°C).

2) Die Definition ist Klir /31/ entnommen, der insgesamt fünf
   verschiedene Systemdefinitionen vorschlägt. Eine kurze Darstellung dieser fünf Definitionen findet sich in Anhang 8.1.

$$\bar{E}_i = \mathop{\bar{R}}_{1\leq j\leq m} (\bar{P}_j) \subseteq \mathop{\bigtimes}_{1\leq j\leq m} \bar{P}_j \, . \qquad\qquad (2.2)$$

Das Verhalten des Elementes ist damit eine Relation $\bar{R}$ zwischen seinen Attributen $\bar{P}_j$, wobei diese Relation eine Untermenge des Cartesischen Produktes $((P_1 \times P_2 \ldots P_m)$ oder kürzer $\mathop{\bigtimes}_{1\leq j\leq m} \bar{P}_j)$ dieser Attribute ist. In der Praxis läuft die Angabe des Verhaltens auf die Angabe der Übergangsfunktion hinaus.

Setzt man die UC-Struktur in eine graphische Darstellung um, erhält man die auch in der Regelungstechnik übliche Blockschaltbilddarstellung (Bild 1), wobei die Angabe des Verhaltens der Elemente in Form einer Übergangsfunktion gegenüber der allgemein formulierten Relation (2.2) eine Einschränkung bedeutet, d.h. sie verlangt zusätzliche Information.

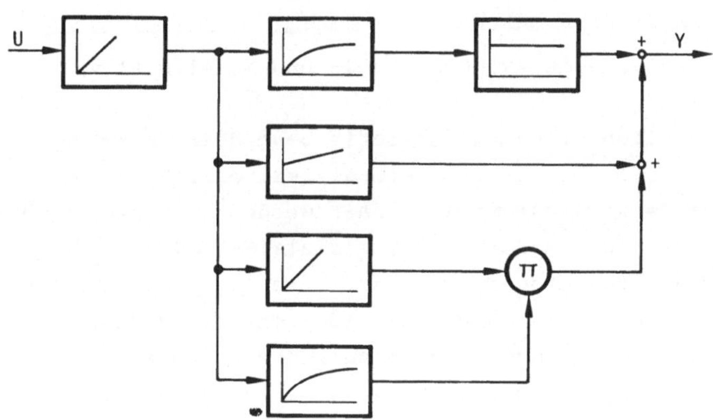

Bild 1: Systemdarstellung nach der UC-Struktur

Modell

Ein Modell, Klir /31/, ist ein Objekt, das einen Teilbereich der Realität abbildet und bestimmte Modellfunktionen [1] erfüllt, (Bild 2).

---

1) Modellfunktionen können z.B. sein :
   - Demonstration von Abläufen,
   - Erklärung von Sachverhalten,
   - Abbilden eines bestimmten Verhaltens,
   - Sichtbarmachen von Größen, die im Realsystem nicht zugänglich sind,
   - ...

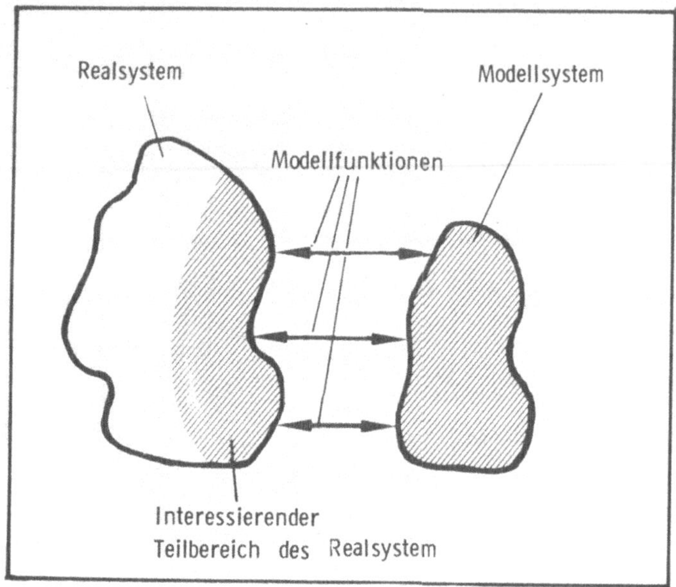

Bild 2:   Beziehungen zwischen Real- und Modellsystem

Um die Modellfunktionen quantitativ behandeln zu können, wird
angenommen, daß der interessierende Teilbereich der Realität
als System (= Realsystem) aufgefaßt werden kann. Vernünftiger-
weise wird man das Modell ebenfalls als System auffassen, so
daß die Modellfunktionen in einer Beziehung zwischen zwei Systemen bestehen. Dadurch wird es möglich, ein Problem innerhalb
des Realsystems im Modellsystem zu lösen und die gefundene Lösung auf das Realsystem zu übertragen.

2.2   Realsystem

Faßt man technisch-ökonomische Objekte als System auf, um zur
systematischen Gewinnung von Erkenntnissen zu gelangen, ist zuerst zu klären, welche Aufgaben das zu bildende Modell erfüllen
soll. Dabei muß festgelegt werden, welche Probleme der realen
Objekte betrachtet werden sollen, welche inhaltliche Abgrenzung
bezüglich der Objekte vorgenommen werden kann und welche signifikanten Merkmale konstitutiv für die Modellbildung sind.

Gegenstand der Betrachtung sollen Systeme sein, in denen technische und ökonomische Prozesse ablaufen. Die "klassische" Ein-

heit, auf die das zutrifft, ist das Unternehmen. Selbstver-
ständlich können auch Systeme definiert und untersucht werden,
die über diesen Rahmen hinausgehen, z.B. die Systematisierung
volkswirtschaftlich-technischer Zusammenhänge, wie z.B. der
Energiebedarf und die Energieversorgung eines Landes, oder es
können Teilaspekte eines Unternehmens, wie z.B. das System
"Lager", untersucht werden.
Wichtiger als diese inhaltliche Abgrenzung ist die Frage nach
der spezifischen Problemstellung. Wie in der Einleitung ange-
deutet wurde, soll die langfristige Planung in den Realsystemen
verbessert werden. Dazu sind Modellvorstellungen notwendig, die
eine längere Prognose des Verhaltens des Realsystems erlauben.
Verhalten bezieht sich hier auf die zeitliche Änderung definier-
ter Systemgrößen, so daß ein wichtiger Aspekt der Realsysteme
ihre Dynamik ist.

Ein weiteres charakteristisches Merkmal der Planung in diesen
Realsystemen sind die hoch verdichteten und teilweise schlecht
strukturierten Daten über das System selbst. Dies liegt begrün-
det in der hohen Komplexität, Kornwachs, v. Lucadou /34/, dieser
Systeme und der damit verbundenen Unmöglichkeit bzw. Unwirt-
schaftlichkeit, ein vollständiges Datenmaterial zu beschaffen.
Diese Tatsache ist wichtig für die Modellbildung, da in Abhängigkeit vom Auflösungsgrad der Daten bezüglich einer bestimmten
Systemgröße entschieden werden muß, ob diskrete oder - wie im
vorliegenden Fall - kontinuierliche Größen verwendet werden.

2.3   Modellsystem

2.3.1   Modellfunktionen

Eine Modellfunktion stellt die systematische Klassifikation des
Gebrauchs des Modellsystems dar. Dabei ist vor allem zwischen
Strukturmodell und Funktionsmodell zu unterscheiden. Faßt man
z.B. die Erklärung eines Sachverhaltes als seine Reduktion auf
eine Ursache-Wirkungskette unter Wahrung eines Strukturmorphis-
mus (Idealfall: Isomorphismus) auf, dann kann die Modellfunktion der E r k l ä r u n g durch ein S t r u k t u r m o -
d e l l geleistet werden, nicht aber durch ein Funktionsmodell.

Letzteres kann nämlich unter Annahmen entwickelt worden sein,
die nichts mit der Struktur des Realsystems zu tun haben. Ein
durchaus zulässiges Vorgehen, da ein bestimmtes Verhalten
durch beliebig viele Strukturen erzeugt werden kann, Klir /31/.

Diese Feststellung ist wichtig, da es bei der hier diskutier-
ten Problematik der Verbesserung der langfristigen Planungssi-
tuation darum geht, das Verhalten des Realsystems abzubilden.
Das Modell erklärt das Verhalten des Realsystems nur soweit,
wie es in seiner Struktur mit dem Realsystem übereinstimmt, ob-
wohl beide im Verhalten z.B. eine vollständige Übereinstimmung
aufweisen.

2.3.2 Modellstruktur

Als problemadäquate Systemdefinition wurde die UC-Struktur gewählt. Ein Grund dafür ist die Hilfestellung, die diese Definition bei der konkreten Entwicklung eines Modells leistet. Das
Modell kann in mehreren Approximationsstufen bis zum gewünschten Detaillierungsgrad erstellt werden, Hichert, Kornwachs
/22/.

Die ersten Approximationsstufen beschränken sich auf die Darstellung struktureller Zusammenhänge. Die Begründung des Ent-
wurfs liegt allein in augenscheinlichen Analogien zur Struktur
des Realsystems. Prinzipiell ist das schrittweise Detaillieren
der Struktur solange fortzuführen, bis für die ermittelten Elemente (als im Rahmen der Fragestellung nicht weiter zu zerle-
gender Subsysteme) eine Übergangsfunktion angegeben werden kann.

2.3.3 Übergangsfunktionen

Das Element, dessen Übergangsfunktion angegeben werden soll,
wird als gerichtetes Übertragungsglied angesehen, dessen Aus-
gangsgröße $\underline{x}_a(t)$ rückwirkungsfrei von der Eingangsgröße $\underline{x}_e(t)$
abhängt (Bild 3).

Bild 3:   Übertragungsglied

Der Operator Φ bildet $\underline{x}_e(t)$ auf $\underline{x}_a(t)$ ab. Zur Ermittlung von Φ können grundsätzlich zwei Wege eingeschlagen werden, Isermann /26/, /27/:

- theoretische Modellbildung,
- experimentelle Modellbildung, (Bild 4).

Bei der theoretischen Modellbildung werden Bilanzgleichungen und phänomenologische Gleichungen aufgestellt, die teilweise direkt aus der Physik abgeleitet werden - wie z.B. die Erhaltung des Massenstromes bei einem Lagermodell - oder die durch Analogieschlüsse von physikalischen oder chemischen Vorgängen gewonnen werden. So folgen z.B. viele Ausgleichsvorgänge in der Physik Gleichungen der folgenden Form:

$$\text{Strom} = \frac{1}{\text{Widerstand}} \cdot \text{Potentialdifferenz, Isermann /26/.}$$

Ganz analog wird dann die Bestellpolitik in Lagermodellen festgelegt:

$$\text{Bestellrate} = \frac{1}{\text{Zeitverzögerung}} \cdot \begin{array}{l}\text{Differenz von Soll- zu}\\ \text{Istlagerbestand.}\end{array}$$

Aus diesen Grundgleichungen läßt sich ein System von Differential- bzw. Differenzengleichungen formulieren, je nachdem ob die betrachteten Größen als kontinuierlich oder als diskret realisiert betrachtet werden.

Ein diskretes System wird bekanntlich repräsentiert durch eine Menge von Zeitpunkten $\bar{T} = \left\{ t_i \mid t_o \leqq t_i \leqq t_{max}; \ i \in N \right\}$ und eine Wertemenge $\bar{V}_i = \left\{ v_i(t) \mid t \in T \right\}$ für die Variablen $v_i(t)$ mit $i=1,2,\ldots,n$, (Bild 5).

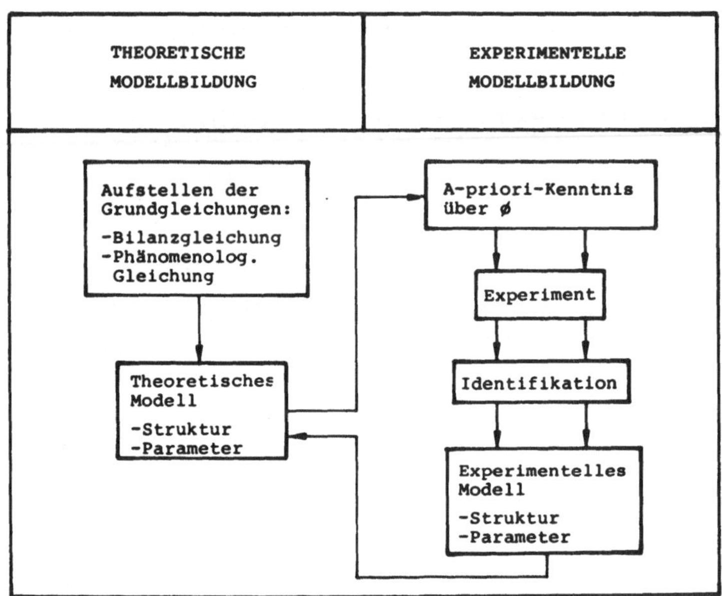

Bild 4: Vorgehensweise bei der Modellbildung

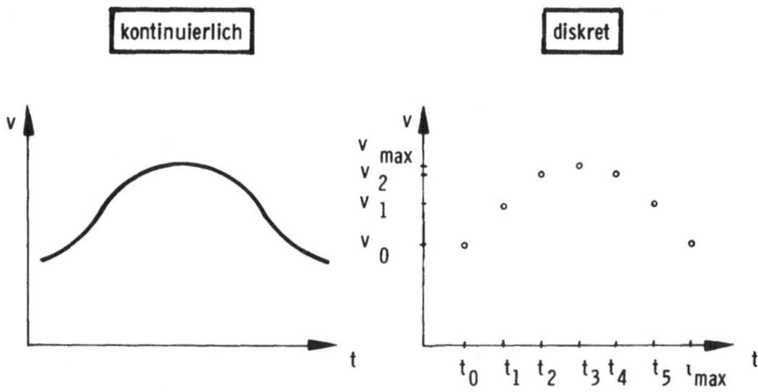

Bild 5: Darstellung diskreter und kontinuierlicher Systeme

Ein kontinuierliches System dagegen liegt vor, wenn die Mengen $\bar{T}$ und $\bar{V}_i$ wie folgt definiert werden:

$$\bar{T} = \left\{ t \mid t \in \mathbf{R},\ t_o \leqq t \leqq t_{max} \right\} \text{ und}$$

$$\bar{V}_i = \left\{ \xi_i \mid \xi_i \in \mathbf{R},\ k_o \leqq \xi_i \leqq k_{imax} \right\} \text{ für die Variablen } v_i(t)$$

$$(i = 1,2,\ldots,n),\ \text{Klir } /31/.$$

Für die weiteren Betrachtungen spielt jedoch diese Unterscheidung eine untergeordnete Rolle, da vom theoretischen Standpunkt aus eine vollständige Analogie zwischen kontinuierlichen und diskreten Systemen besteht, so daß ein für kontinuierliche Systeme eingeführtes Konzept auch für diskrete Systeme gilt, Klir /31/. In den folgenden Ausführungen wird deshalb nur noch der Begriff "Differentialgleichung" verwendet und auf Differenzengleichungen (diskrete Systeme) im Sinne des oben Gesagten nicht mehr eingegangen. Das Gesamtverhalten des Modellsystems wird schließlich respräsentiert durch das System aller Differentialgleichungen.

Bei der experimentellen Modellbildung werden auf Grund von Vorkenntnissen und Hypothesen über das interessierende Realsystem Messungen durchgeführt, die das Verhalten des Systems repräsentieren. Das gemessene Verhalten dient nun zur Anpassung des Modellverhaltens an das Verhalten des Realsystems. Dazu werden die freien Parameter im hypothetischen Modell geschätzt (Identifikation). Das experimentell ermittelte Modell kann nun als theoretisches Modell verwendet werden und als Ausganspunkt für weitere theoretische oder experimentelle Detaillierungen dienen.

2.3.4 Modellkonzepte

Zur Formulierung und Verarbeitung der beschriebenen Modelle steht als allgemeine Theorie die Regelungstheorie, Oppelt /46/; Gilles, Knöpp /18/, /19/, zur Verfügung.

Eine von Forrester /15/, /16/ speziell für nichttechnische Systeme entwickelte Modelltechnik stellt System Dynamics dar. Das Grundmuster, nach dem die Modellsysteme aufgebaut werden, zeigt Bild 6.

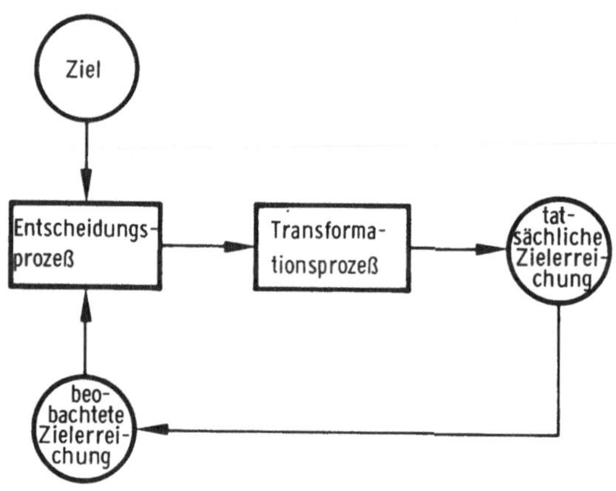

Bild 6: Grundstruktur in System Dynamics

Das Ziel, die beobachtete Zielerreichung, die Zielabweichung und
die daraus abgeleitete Stellgröße werden zu einer Flußgröße
(Rate) zusammengefaßt (Bild 7). Diese steuert durch die Verarbeitung von Information den Systemzustand (Level).
Dieser Sachverhalt wird in Form einer Integralgleichung, Forrester
/16/, formuliert:

$$L(t_{i+1}) = L(t_i) + \int_{t_i}^{t_{i+1}} [\, R_e(t) - R_a(t) \,]\ dt, \qquad (2.3)$$

mit dem Systemzustand $L(t)$, der Eingangsrate $R_e(t)$ und der Aus-
gangsrate $R_a(t)$.
Der Wert eines Systemzustandes zum Zeitpunkt t_{i+1} ist danach
gleich dem Wert dieses Zustandes zum Zeitpunkt t_i ($t_i < t_{i+1}$)
zuzüglich der Differenz zwischen Zu- und Abflüssen (Raten) im
Zeitraum $t_{i+1} - t_i$.

Der erste Schritt im Modellbildungsprozeß mit System Dynamics
besteht in der Konstruktion von überschaubaren Regelkreisen,
die dann zum Gesamtmodell verknüpft werden, Zahn /63/.

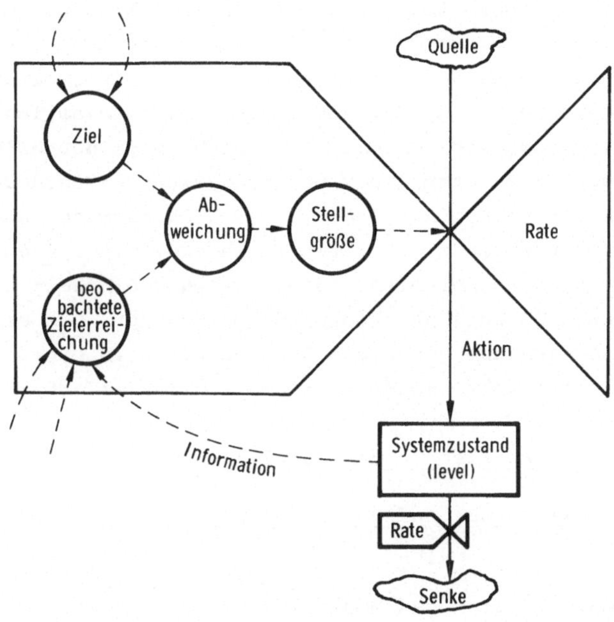

Bild 7: Grundelement von System Dynamics

An diesem hier nur kurz skizzierten Konzept wurde von den verschiedensten Standpunkten aus Kritik geübt. Sie reicht von Ideo-
logiekritik, Hugger /25/, über die Kritik an der Modellbildung
und dem Konzept der Differenzengleichungen, Apel /2/, bis zur
Kritik an der Form der System Dynamics Flußdiagramme, Oertli
/45/.

Auf der anderen Seite wurden schon viele konkreten Modelle unter
Verwendung des System Dynamics Ansatzes erstellt und mit Erfolg
in der Praxis eingesetzt. Oertli /45/ beschreibt z.B. ein um-
fangreiches Distributionsmodell, Krallmann /36/ das Modell einer
Polykondensationsanlage, Steinbach /55/ ein komplexes Modell
zur Simulation des Einsatzes von NC-Maschinen. Eine Sammlung der
verschiedensten Praxisanwendungen von System Dynamics-Modellen
findet sich in Roberts /50/. Der Grund für diese Erfolge ist vor
allem in der speziell für diese Vorgehensweise entwickelten Simulationssprache DYNAMO, Pugh /48/, Kolbe /33/, zu sehen. Außer-

dem wurden von Stübel /57/ und von Trier /58/ Konzepte beschrieben, die durch die Einbettung der Simulationssprache als Modul in ein übergeordnetes Software-Paket eine besonders benutzerfreundliche Handhabung großer Modelle ermöglichen sollen.
Für die vorliegende Arbeit dominiert der Vorteil der Allgemeingültigkeit über den Vorteil der benutzerorientierten Modellkonzeption. Deshalb werden Arbeiten, die das Problem der Optimierung von Simulationsmodellen unter Verwendung von System Dynamics behandeln, berücksichtigt, die vorliegende Arbeit selbst folgt dagegen dem regelungstheoretischen Konzept. Die erstellten Programme sind aus denselben Gründen nicht in einer speziellen Simulationssprache, sondern in FORTRAN realisiert.

2.4 Lösungsansätze für das Modellsystem

2.4.1 Modellstruktur und Problemlösungstechnik

Um seine Modellfunktion - z.B. die Verhaltensprognose - erfüllen zu können, muß sich das Modellsystem, das in Form von Differentialgleichungen vorliegt, berechnen lassen. Da jedoch technisch-ökonomische Modelle sehr schnell Größenordnungen von 40 und mehr Differentialgleichungen annehmen (z.B. Zahn /63/, Steinbach /55/, Milling /38/) und Schwierigkeitsgrade - wie z.B. Nichtlinearitäten, gekoppelte Gleichungen, stochastische Größen - aufweisen, die eine analytische Lösung des Differentialgleichungssystems unmöglich machen, müssen andere Problemlösungstechniken angewendet werden. Diese bestehen zuerst einmal, da das Lösen der Differentialgleichungen mit ihrer Integration identisch ist, aus verschiedenen numerischen Integrationsverfahren. Damit erweitert sich das Modellsystem um einen Integrator, der von einem je nach Problemstellung ausgesuchten Integrationsverfahren repräsentiert wird (Bild 8).

Auf das System können Störgrößen $\underline{z}(t)$ einwirken. Außerdem müssen für die Lösung die Anfangsbedingungen $\underline{x}(t_o)$ und die Parameter $\underline{a}$ angegeben werden.

Das Integrationsverfahren deckt aber nur einen Teil der Problemlösungstechnik ab. Es stellt eine spezielle Methode inner-

halb einer umfassenderen Vorgehensweise dar. Diese Problemlösungstechnik wird allgemein als Simulation bezeichnet.

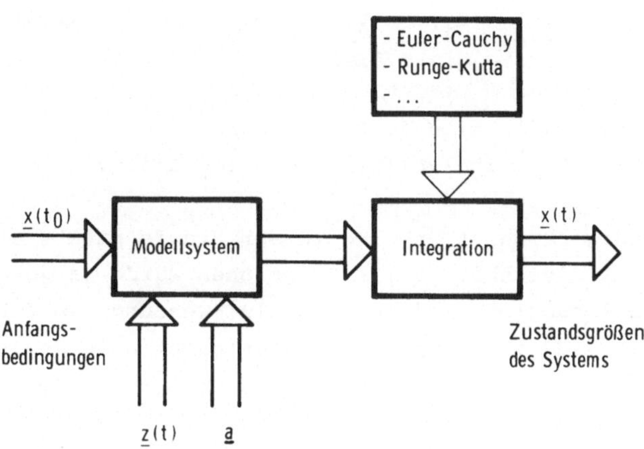

Bild 8: Numerische Lösung des Modellsystems

2.4.2   Simulation

Der Begriff der Simulation wird in der Literatur wenig einheitlich verwendet. Die Darstellungen reichen von detaillierten,
Niemeyer /43/, Naylor /41/, bis zu sehr knappen, Oertli /45/,
Kolbe /33/, Bauknecht, Neef /6/, wobei die verschiedenen Aspekte jeweils recht unterschiedliche Gewichtungen erfahren. Dennoch wird in allen Definitionen auf mindestens einen der folgenden charakteristischen Aspekte eingegangen:

- Verwendung von numerischen Methoden,
- Simulation als Modellfunktion,
- Simulation als "what if"-Technik.

Das erste Merkmal wurde bereits im vorigen Kapitel kurz skizziert.

Der zweite Aspekt auf der Ebene systemtheoretischer Betrachtungen bezieht sich auf die Modellfunktion der Simulation. Sie
stellt hier eine Beziehung zwischen Realsystem ($\bar{S}_1$) und Modellsystem ($\bar{S}_2$) dar. Werden beide Systeme nach Systemdefinition 3
(vgl. Anhang 8.1.4) dargestellt, ergibt sich folgende Beziehung:

$$\text{System 1: } \bar{S}_1 = \mathop{\bar{R}}_{1 \leq j \leq m} (\bar{P}_j) \subseteq \mathop{\bigtimes}_{1 \leq j \leq m} \bar{P}_j \; , \tag{2.4}$$

$$\text{System 2: } \bar{S}_2 = \mathop{\bar{R}^*}_{1 \leq i \leq n} (P_i) \subseteq \mathop{\bigtimes}_{1 \leq i \leq n} \bar{P}_i \; . \tag{2.5}$$

Existiert nun eine Bijektion f: R → R* so nennt man $\{ \bar{S}_1, \bar{R}, \bar{S}_2, \bar{R}^* , f \}$ eine vollständige Simulation.

Diese vollständige Simulation wird in der Praxis nicht realisiert. Durch die Gleichheit aller Relationen würde ja gerade der "Rationalisierungseffekt" der Modellverwendung zunichte gemacht. Außerdem sind in vielen Fällen gar nicht alle Relationen bekannt. Die vollständige Simulation wird vielmehr durch die eingeschränkte Simulation ersetzt, die nur Teilbereiche des Verhaltens umfaßt, also nur eine Untermenge $\bar{R}^* \subset \bar{R}$ beinhaltet.
Der dritte Aspekt schließlich betrifft die Art und Weise der Erzeugung der Lösung. Da numerische Integrationsverfahren angewendet werden und Simulation ein Verhalten abbildet, also Aktivitäten über der Zeit darstellt, können nur z e i t l i c h z u s a m m e n h ä n g e n d e Zustandsfolgen erzeugt werden, d.h. die Systemzustände können nicht zu beliebigen Zeitpunkten berechnet werden. Diese Zustandsfolgen werden bei der Simulation so erzeugt, daß die Anfangsbedingungen $\underline{x}(t_o)$ (vgl. Bild 8) und das Modell inclusive der Koeffizienten $\underline{a}$ gegeben sind und nach dem zeitlichen Verlauf der Zustandsgrößen $\underline{x}(t)$ gefragt ist. Mit der "Richtung" der Lösungsfindung fällt damit eine bestimmte Problemkategorie zusammen: Die Simulation gibt Antwort auf die Frage "What if?" Damit ist der Einsatz der Simulation für viele Probleme nicht möglich, da häufig eine andere Fragestellung von Interesse ist wie z.B.: Wie müssen die Parameter $\underline{a}$ gewählt werden, damit bei gegebenen Anfangsbedingungen $\underline{x}(t_o)$ ein, gemessen an einem vorgegebenen Gütekriterium, optimaler Verlauf der Zustandsgrößen $\underline{x}(t)$ erreicht wird?
Die häufig angewendete Methode, durch experimentelle Variation der Parameter dennoch zu einem Optimum zu gelangen, versagt sehr schnell bei komplexen Modellen und einer großen Anzahl zu optimierender Parameter. Zur Beseitigung des Problems

wurden verschiedene Ansätze entwickelt, deren kurze Darstellung Inhalt des nächsten Kapitels ist.

2.4.3 Bisherige Ansätze zur Optimierung von Simulationsmodellen

Als Vorstufe zur Optimierung wurde von Stübel /57/ folgendes Sensitivitätsmodell, das auf Ausführungen von Kokotovic und Rutman /32/ basiert, entwickelt:

Werden an einem Modell, das durch ein System von Differentialgleichungen dargestellt wird (hier in Komponentenschreibweise),

$$\dot{x}_i = f_i(x_i, a_j, t), \quad 1 \leq i \leq n; \; 1 \leq j \leq m , \tag{2.6}$$

die Systemparameter a_j um Δa_j verändert, so ergibt sich folgende Beschreibung des erweiterten Systems

$$\dot{x}^*_i = f_i(x^*_i, a_j + \Delta a_j, t) . \tag{2.7}$$

Die Zusatzbewegung des Systems lautet dann:

$$\Delta x_i(t) = x^*_i(t) - x_i(t) . \tag{2.8}$$

Unter der Annahme der Differenzierbarkeit von (2.6) und (2.7) nach $\underline{a}$ kann (2.8) in eine Taylorreihe entwickelt werden. Bei Vernachlässigung der höheren Glieder bleibt

$$\Delta x_i(t, \Delta a_1, \ldots, \Delta a_n) = \sum_{j=1}^{m} \frac{\partial x_i}{\partial a_j} \Delta a_j , \quad (1 \leq i \leq n). \tag{2.9}$$

Faßt man die partiellen Ableitungen zu der Sensitivitätsmatrix $S(t) = \frac{\partial \underline{x}(t)}{\partial \underline{a}}$ zusammen, ergibt sich für die Zusatzbewegung:

$$\Delta \underline{x}(t) = S(t) \cdot \Delta \underline{a} . \tag{2.10}$$

Zur Bestimmung der Elemente $s_{ij}(t) = \frac{\partial x_i(t)}{\partial a_j}$ werden die Gleichungen des ursprünglichen Systems (2.6) nach den a_j differenziert. Nach einigen Umformungen ergibt sich schließlich als Funktion für die s_{ij}:

$$\dot{s}_{lj} = \sum_{i=1}^{n} \frac{\partial f_l}{\partial x_i} s_{ij} + \frac{\partial f_l}{\partial a_j} , \quad 1 \leq i, \; 1 \leq n; \; 1 \leq j \leq m . \tag{2.11}$$

Da das Differentialgleichungssystem (2.11) noch Zustandsgrößen x_i enthält, kann es nur zusammen mit dem System (2.6) gelöst werden (Bild 9). Die ermittelten Sensitivitäten s_{ij} können
nun nach Stübel /57/ als Information für Optimierungsverfahren
verwendet werden. Stübel beruft sich dabei auf Fletcher, Powell
/14/, führt diese Möglichkeit aber nicht weiter aus.

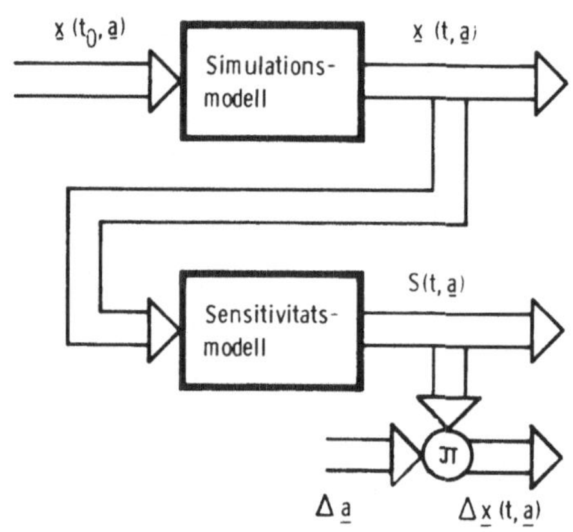

Bild 9: Kopplung von Simulations- und Sensitivitätsmodell

Hauptargument gegen die Weiterentwicklung dieser Vorgehensweise
ist die Bedingung der Differenzierbarkeit der Modellgleichungen nach den Parametern a, denn Simulationsmodelle enthalten
sehr häufig Funktionen, die an bestimmten Stellen nicht nach a
differenzierbar sind.

Eine zweite Vorgehensweise, Steinbach /55/, besteht in der
Kopplung eines Simulationsmodells, realisiert in DYNAMO, mit
einem mehrperiodigen linearen Programmierungsmodell (LP)
(Bild 10).
Das LP-Modell (Bereich II) legt, basierend auf externen Infor-
mationen (Bereich I) und Daten aus dem Simulationsmodell

(Bereich III) Finanz-, Investitions- und Produktionsdaten für
das Simulationsmodell fest. Auf der Ebene des LP-Modells sind
diese optimal. Das Simulationsmodell, das das Unternehmen sehr
viel detaillierter als das LP-Modell abbildet und aus den Teil-
modellen Produktion (PB), Nachfrage (NB), Fertigungsplanung
(FB) und Datentransfer (ZB), mit dem LP-Modell besteht, berechnet nun aufgrund dieser Sollwerte die "tatsächlichen" Zeit-
verläufe der Modellvariablen und übergibt nach Ablauf einer
Periode die Ergebnisse an das LP-Modell, das dann wieder neue
Sollgrößen errechnet und an das Simulationsmodell übergibt, usw.

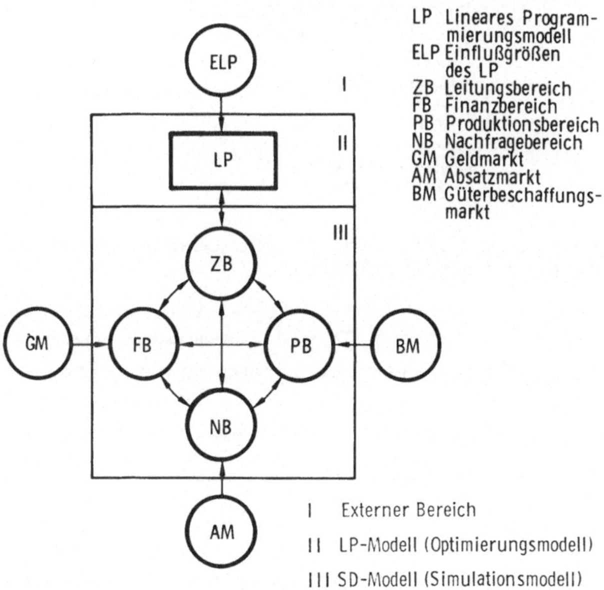

Bild 10: Kopplung eines Simulationsmodells mit einem linearen
         Programmierungsmodell

Diese Vorgehensweise ist mit einem großen softwaretechnischen
Aufwand verbunden. Außerdem sind die LP-Sollwerte auf der
Ebene des Simulationsmodells keineswegs optimal, so daß damit
keine Gesamtoptimierung erreicht wird.

Der dritte Ansatz, Krallmann /36/, integriert das in DYNAMO
programmierte Simulationsmodell, in einen übergeordneten Regelkreis (Bild 11).

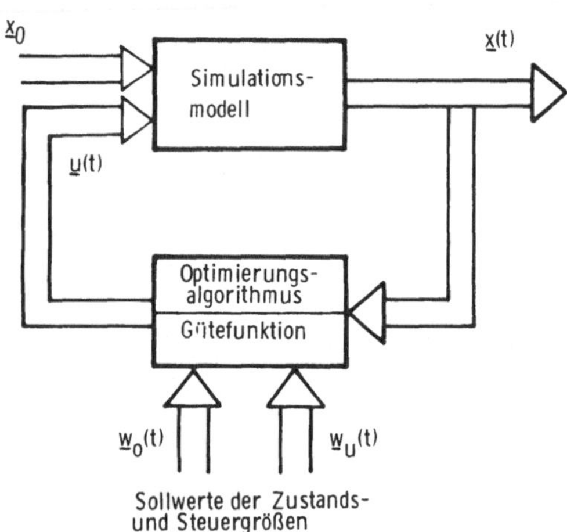

Bild 11: Integration eines Simulationsmodells in einen
         übergeordneten Regelkreis

Die Regelstrecke ist mit dem Simulationsmodell identisch, dessen Ausgangsgrößen $\underline{x}(t)$ mit fest vorgegebenen oberen Sollwerten $\underline{w}_o(t)$ und unteren Sollwertgrenzen $\underline{w}_u(t)$ verglichen werden.
Auftretende Regelabweichungen werden durch das Gütekriterium
bewertet. Der Optimierungsalgorithmus, der den Regler verkör-
pert, versucht die Steuergrößen $\underline{u}(t)$ unter Berücksichtigung
von ebenfalls fest vorgegebenen oberen und unteren Grenzen so
zu verändern, daß die Abweichung im Sinne der Gütefunktion
minimal wird. Dies wird folgendermaßen formuliert:

$$J(\underline{x}(t),\underline{u}(t)) = \sum_{i=1}^{n} \alpha_i(t)\cdot\left| x_i^*(\underline{u}(t))-w_{oi}(t)\right| + \beta_i(t)\cdot\left| x_i^*(\underline{u}(t))-w_{ui}(t)\right|$$

$$(2.12)$$

mit

$J(\underline{x}(t),\ \underline{u}(t))$ Gütefunktion,

$\alpha_i(t),\ \beta_i(t)$ Gewichtungsfaktoren für die Abweichungen der
                         x_i^* von den oberen bzw. unteren Sollwerten,

$w_{oi}(t)$, $w_{ui}(t)$ obere bzw. untere Sollwerte,

$$x_i^*(\underline{u}(t)) \quad \left\{ \begin{array}{l} u_i(t) \ \text{für} \ 1 \leqq i \leqq m \\ x_i(t) \ \text{für} \ m+1 \leqq i \leqq n \ . \end{array} \right.$$

Dabei wird versucht, für jeden Zeitpunkt $t = t_o$, $t_o + \Delta t \ldots T$ (Δt: Integrationsschrittweite) mit dem Razor-Search-Algorithmus, Bandler, Macdonald /5/, den Steuervektor $\underline{u}(t)$ so zu bestimmen, daß die Gütefunktion (2.12) minimiert wird.

Dieses dritte Verfahren ist eine Parameteroptimierung (vgl. dazu Kap. 3.1), mit einer besonderen Form der Gütefunktion, die gewisse a-priori-Informationen über die Werte der Zustandsgrößen und der zu optimierenden Parameterwerte verlangt.

Die Vorgehensweise hat gegenüber den beiden anderen folgende Vorteile:

- Der Optimierungsalgorithmus benötigt keine Ableitungen der Gleichungen des Simulationsmodells.
- Es wird kein "Ersatzmodell" eingeführt, sondern der Algorithmus operiert auf der Ebene des Simulationsmodells.

Aus diesen Gründen wird im folgenden dieser Ansatz weiterentwickelt und das Konzept einer dynamischen Optimierung unter Verwendung von Algorithmen, die ohne Ableitung auskommen, dargestellt.

Dazu ist zuerst eine Definition der statischen und der dynamischen Optimierung notwendig. In einem weiteren Abschnitt werden dann die verwendeten Optimierungsalgorithmen kurz erläutert, um die in Kapitel 5 dargestellten Testergebnisse verständlicher zu machen. Ein Test der Algorithmen ist notwendig, da es sich bei diesen um heuristische[1] Verfahren handelt, deren Eignung nur am konkreten Problem nachgewiesen werden kann. Die Wahl des Razor-Search-Algorithmus bei Krallmann /36/ hängt z.B. mit der besonderen Form der Zielfunktion und den damit auftretenden schmalen Lösungsbereichen im Parameterraum zusammen.

---

1) Eine kurze Erläuterung der Heuristik als Problemlösungsmethode findet sich in Kornwachs, Warschat /35/.

In den Kapiteln 4 und 5 wird dann die Realisierung der statischen und dynamischen Optimierung an Beispielmodellen aus dem Bereich der Lagerhaltung und der Produktion beschrieben. Sie beinhalten den Vergleich der heuristischen mit der analytischen Optimierung und die Demonstration der dynamischen Optimierung an einem größeren Modell.

3   OPTIMIERUNGSVERFAHREN

3.1   Definition der Optimierung

3.1.1   Vorbemerkung

Der Zweck der Optimierung ist das Auffinden der bestmöglichen
Lösung aus der Menge der möglichen Lösungen für ein gegebenes
Problem unter Berücksichtigung von Gütekriterien, Himmelblau
/23/. Jede Optimierungsaufgabe hat nach Pun /49/ drei Bestand-
teile:

- das zu optimierende Modell (hier ein System von Differentialgleichungen),
- das Gütekriterium,
- den Optimierungsalgorithmus.

In Abhängigkeit von Modell und Problemstellung werden unterschiedliche Gütekriterien formuliert und verschiedene Optimierungsalgorithmen angewendet. Für die vorliegende Problemstellung der Optimierung von Simulationsmodellen ist die Unterscheidung von stati-
scher und dynamischer Optimierung von besonderer Bedeutung. Weitere Falluntersuchungen bzw. Klassifizierungen von Optimierungsproblemen finden sich bei Schwefel /53/, Bamberger /4/ und Jacob
/29/.

3.1.2   Statische Optimierung

Statische Optimierung von Simulationsmodellen ist das Aufsuchen
eines optimalen Arbeitspunktes im Parameterraum des Modells. Der
Wert der Parameter ist über den gesamten Simulationszeitraum kon-
.stant. Als Beispiel sei die Bestimmung von optimalen Reglerpara-
metern genannt (Bild 12).

Das Simulationsmodell wird getrennt in Regelstrecke (z.B. Lagermodell) und Regler (z.B. Bestellregel). Der Regler hat die Auf-
gabe, über die Stellgröße $\underline{y}(t)$ die Regelstrecke so zu beeinflussen, daß die Wirkung der Störgrößen $\underline{z}(t)$ auf die Strecke besei-
tigt wird. Außerdem werden die Zustandsgrößen $\underline{x}(t)$ den vorgegebenen Führungsgrößen $\underline{w}(t)$ nachgeführt.Die Optimierungsaufgabe

besteht in diesem Fall in der Wahl der Reglerparameter K_R, so
daß ein gegebenes statisches Gütekriterium wie z.B. die quadratische Regelfläche

$$J = \int_O^T \left[\underline{x}^T(t)\, Q\, \underline{x}(t) \right]\, dt \qquad (3.1)$$

minimal wird.

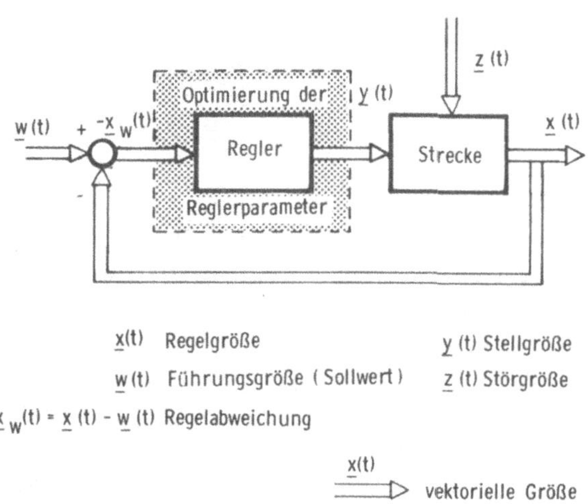

$\underline{x}(t)$ Regelgröße $\underline{y}(t)$ Stellgröße

$\underline{w}(t)$ Führungsgröße (Sollwert) $\underline{z}(t)$ Störgröße

$\underline{x}_w(t) = \underline{x}(t) - \underline{w}(t)$ Regelabweichung

$\underline{x}(t)$ vektorielle Größe

Bild 12: Statische Optimierung

Die statische Optimierung wird deshalb in der Literatur auch als
Parameteroptimierung bezeichnet. Ist das Modell analytischen
Methoden zugänglich, so besteht die Optimierungsaufgabe in der
Lösung des Gleichungssystems

$$\left. \frac{\partial J}{\partial K_{Ri}} \right|_{K_{Ri} = K_{Ri}^*} = 0 \quad \text{für} \quad 1 \leq i \leq \mu$$

Man bedient sich dabei also der Mittel der Differentialrechnung.

3.1.3   <u>Dynamische Optimierung</u>

Die dynamische Optimierung sucht nicht wie die statische einen
Arbeitspunkt, sondern eine optimale Kurve der Zustandsgrößen.
Dazu muß die optimale Steuerung $\underline{u}(t)$ der Regelstrecke (Bild 13)
bestimmt werden.

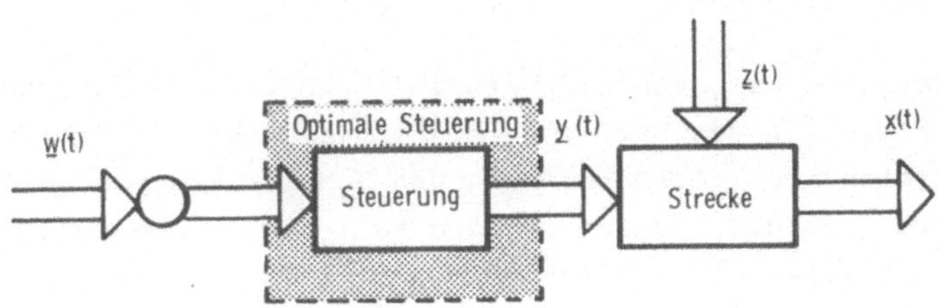

Bild 13: Optimale Steuerung

Gesucht ist also der optimale zeitliche Verlauf von $\underline{u}(t)$. Erst
wenn dieser gefunden ist, wird durch die Rückführung von $\underline{x}(t)$
und die Beantwortung der Frage, welcher Regler aus $\underline{x}(t)$ das gefundene $\underline{u}(t)$ erzeugt, eine optimale Regelung gebildet (Bild 14).

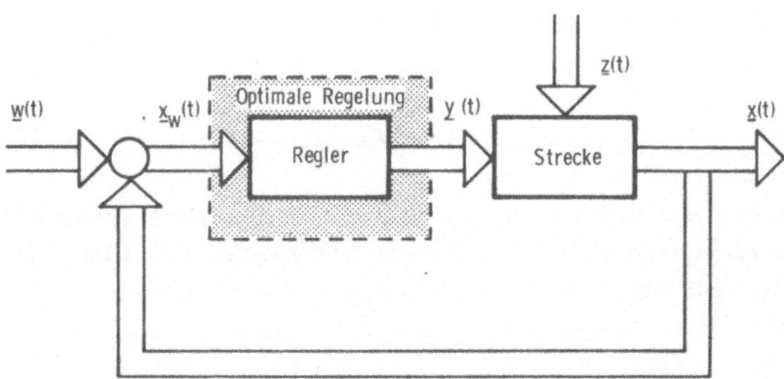

Bild 14: Optimale Regelung

Es werden also nicht Reglerparameter gesucht, sondern die gesamte Reglerstruktur steht zur Disposition. Deshalb wird in der Literatur für die dynamische Optimierung häufig der Begriff Strukturoptimierung verwendet.

Ist das Modell analytischen Methoden zugänglich, kann die Optimierung mit Hilfe der Variationsrechnung durchgeführt werden.

3.2 Klassifizierung der Optimierungsverfahren

Bezüglich der Anwendung von Differential- und Variationsrechnung gilt deshalb wie für das Problem der geschlossenen Integration der Modellgleichungen: Größenordnung und Schwierigkeitsgrad des Modellsystems erfordern in den meisten Fällen die Anwendung von numerischen Optimierungsalgorithmen. Da besonders in den letzten Jahren eine Vielzahl von Methoden entwickelt wurde[1], von denen keine eindeutig überlegen ist, muß zuerst die Frage geklärt werden, welche Methoden für die vorliegende Problematik prinzipiell verwendet werden können. Dies führt zum Problem der Klassifizierung der vorhandenen Methoden, wobei die zur Klassifizierung notwendigen Kriterien aus der hier interessierenden Problemstellung abgeleitet werden müssen.

Das erste Auswahlkriterium (Bild 15) ist die Form des zu optimierenden Systems. Im vorliegenden Fall muß damit gerechnet werden, daß das Gütekriterium und die Systemdifferentialgleichungen nichtlinear sind. Deshalb kommen Methoden, die eine lineare Form, wie z.B. das Simplexverfahren, Müller-Merbach /39/, nicht zu verwechseln mit dem gleichnamigen nichtlinearen Verfahren von Nelder und Mead (vgl. dazu Voß /60/), oder die die spezielle nichtlineare Form von Quadratsummen (Least-squares-Verfahren) voraussetzen, nicht in Frage.

Innerhalb der allgemeinen Methoden für nichtlineare Systeme ist dann zu differenzieren nach solchen, die eine analytische Ableitung (1. und zum Teil auch 2. Ordnung), eine numerische Ableitung (die Ableitungen werden durch Differenzen der Funktionswerte approximiert) oder keine Ableitung benötigen.

---

1) Die dargestellten numerischen Methoden gehören alle zu den statischen Verfahren. Eine sehr ausführliche Bibliographie weist Schwefel /53/ auf, vgl. aber auch Himmelblau /23/ und Dixon /13/.

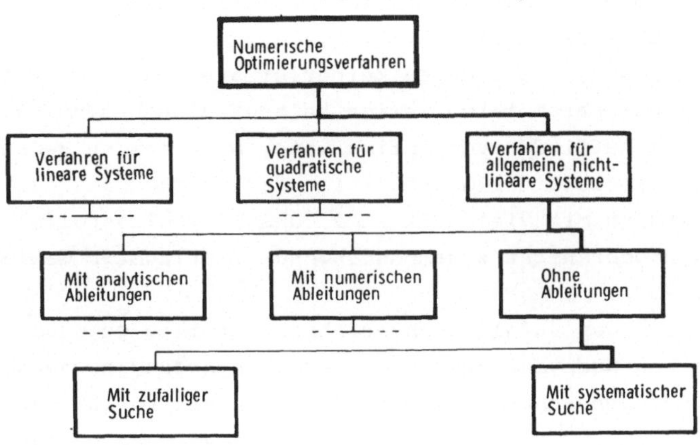

Bild 15: Klassifizierung der Optimierungsverfahren

Verfahren, die analytische Ableitungen verwenden, scheiden aus,
da damit gerechnet werden muß, daß in der überwiegenden Anzahl
der Fälle die Gleichungen des Modellsystems nicht überall differenzierbar sind. Auf dem Gebiet der Verfahren mit numerischer
Ableitung wurden in letzter Zeit neue Methoden bekannt, Bräuninger /9/, die auf die vorliegende Problematik - wenigstens
prinzipiell - anwendbar sind. Allerdings sind diese Methoden,
die in der Nähe des Optimums eine sehr gute Konvergenz aufweisen,
für die vorliegende Problemstellung den Verfahren ohne Ableitung
unterlegen, da diese robuster sind, d.h. auch bei Startpunkten,
die weit entfernt vom Optimum liegen, noch gute Konvergenzeigenschaften zeigen. Eine sehr hohe Genauigkeit bei der Er-
reichung des Optimums ist dabei gar nicht notwendig, da durch
den Vorgang der Modellbildung und die Ermittlung der Modellpara-
meter größere Abweichungen gegenüber dem Realsystem auftreten
können und die numerisch genaue Optimumberechnung deshalb eine
Scheingenauigkeit darstellt.
Innerhalb der Verfahren, die ohne Ableitung auskommen, lassen
sich zwei Gruppen unterscheiden: Verfahren die auf zufälliger

Suche, und solche die auf systematischer Suche basieren. Prinzipiell sind beide Vorgehensweisen auf die in Frage kommenden Modellsysteme anwendbar.

Zufallsmethoden, die sich an keinerlei systematische Vorgehensweise bei der Parametervariation halten, sind besonders geeignet für das Auffinden von Optima unter schwierigen Bedingungen wie z.B. bei gestörter Gütefunktion der "pathologischen" Problemstrukturen mit vielen Extrema, Unstetigkeitsstellen und sehr engen oder nicht zusammenhängenden, erlaubten Gebieten, Schwefel /53/.

Als Nachteil der Zufallssuchverfahren ist ihre gegenüber den systematischen Suchverfahren geringere Konvergenzgeschwindigkeit zu nennen. Nach Schwefel schneiden bei einer Variablenzahl deutlich unter ca. 60 die systematischen Suchverfahren sehr viel besser ab, wogegen bei höherer Anzahl von Variablen der Unterschied zwischen den Verfahren nicht mehr so groß ist. Die Verbindung der Vorteile der zufälligen und der systematischen Parametervariation ist möglich und wird bei Problemen angewendet, wo nur an bestimmten Stellen "pathologische" Verläufe der Gütefunktion zu erwarten sind.Ein Beispiel dafür sind unstetige partielle Ableitungen der Gütefunktion. Bei einer zweiparametrigen Gütefunktion entspricht dies scharfen Graten, die - im Falle einer Minimierung - zum tiefsten Punkt des Tales führen [1]. Die Gütefunktion (2.12) führt z.B. auf dieses Problem. Als Optimierungsalgorithmus wurde der Razor-search-Algorithmus, Bandler, Macdonald /5/, gewählt, der beim Versagen der systematischen Suche eine Random-Variation der Parameter durchführt. Bei den in der vorliegenden Arbeit behandelten Problemen dürfte jedoch eine Gütfunktion dieser Art die Ausnahme sein. Deshalb wurde nur ein Verfahren mit teilweise zufallsgesteuerter Parametervariation, das Razor-search-Verfahren, in den Vergleich aufgenommen.

---

[1] Eine Unterscheidung von Maximum und Minimum bezüglich der Optimierungsmethode ist nicht nötig, da max $(J(v)) = -\min(-J(v))$ gilt mit $J(v)$ als Zielfunktion. Im folgenden wird von einem Minimierungsproblem ausgegangen.

3.3 Systematische ableitungsfreie Optimierungsmethoden

3.3.1 Auswahl der Optimierungsmethoden

Auch innerhalb der Gruppe von Optimierungsmethoden mit systematischer Parametervariation, die ohne Ableitung auskommen, gibt es so viele verschiedene Algorithmen, Schwefel /53/, daß eine vollständige Aufzählung oder gar Beschreibung an dieser Stelle nicht möglich und nicht sinnvoll ist. Da sich diese Algorithmen jedoch meistens nur in Details voneinander unterscheiden, kann eine Reduktion der möglichen Alternativen vorgenommen werden, wenn jeweils nur ein Vertreter der sich grundsätzlich voneinander unterscheidenden Vorgehensweisen ausgewählt wird. In der Literatur (Dixon /13/, Himmelblau /23/, Schwefel /53/) finden sich ziemlich einheitlich vier solche Gruppen:

- Methode von Rosenbrock (rotierende Koordinaten) [1],
- Methode von Davies, Swann und Campey,
- Methode von Hooke und Jeeves (Pattern search),
- Methode von Nelder und Mead (Simplex).

Bei der Auswahl der Vertreter je Gruppe wurde nicht auf die Originalarbeiten zurückgegriffen, sondern es wurde versucht, jeweils neue Entwicklungen zu berücksichtigen.

3.3.2 Methode von Rosenbrock

Die Methode von Rosenbrock läßt sich in zwei Strategien zerlegen, die sich gegenseitig ergänzen:

- eine eindimensionale Suche,
- eine Koordinatendrehung.

Der Grundgedanke der eindimensionalen Suche ist der, daß bei einem n+1-dimensionalen Optimierungsproblem (dies entspricht n unabhängigen Variablen v) nur jeweils eine der n unabhängigen Variablen bei Konstanz der übrigen variiert wird.
Zu Anfang besteht die Suchrichtung aus dem Einheitsvektor $\underline{e}_1$.
Von einem gegebenen Punkt $\underline{v}_0^{(k)}$ aus - k gibt den Suchzyklus an -

---

[1] Angegeben sind die Namen der Entwickler der Methode und - falls gebräuchlich - der Name der Methode.

wird in Richtung $\underline{e}_1$ gesucht [1]. Die Suchschrittamplitude sei δ_1. Jetzt werden die Funktionswerte $F_1 = f(\underline{v}_0{}^{(k)} + \delta_1{}^{(k)} \cdot \underline{e}_1{}^{(k)})$ und $F_2 = f(\underline{v}_0{}^{(k)})$ miteinander verglichen. Ist $F_2 \geq F_1$, wird der Suchschritt als Erfolg gewertet, der Versuchspunkt ersetzt den alten und δ_1 wird mit einem Faktor $\alpha > 0$ multipliziert. Ist $F_2 < F_1$, bleibt der ursprüngliche Punkt erhalten und δ_1 wird mit einem Faktor $\beta < 0$ [2] multipliziert. Dann wird ein Versuchsschritt in Richtung von $\underline{e}_2$ gemacht. Sind in allen n Richtungen Versuchsschritte durchgeführt, wird wieder bei der ersten Richtung $\underline{e}_1$ begonnen. Das wird so lange fortgesetzt, bis in jeder Richtung ein Mißerfolg nach einem Erfolg eintritt. Damit ist dann der k-te Suchzyklus beendet. Jetzt ersetzt der neue gefundene Punkt den alten:

$$\underline{v}_0{}^{(k+1)} = \underline{v}_n{}^{(k)} .$$

Die neue Hauptsuchrichtung $\underline{e}_1{}^{(k+1)}$ wird so gewählt, daß sie parallel zur Richtung $(\underline{v}_0{}^{(k+1)} - \underline{v}_0{}^{(k)})$ verläuft (Bild 16).

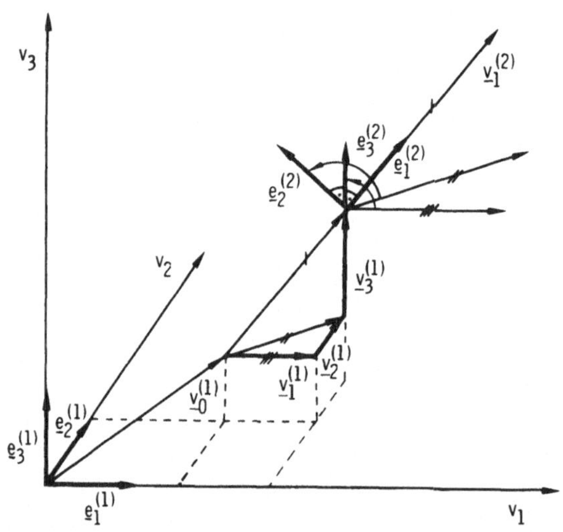

Bild 16: Rotation der Koordinatenachse bei der Rosenbrock-Methode

---

1) Auch bei der Verwendung des Begriffes "Punkt" wird die vektorielle Darstellung aus Gründen der Einheitlichkeit beibehalten. Der Punkt wird durch die Spitze des Vektors repräsentiert.
2) Rosenbrock schlägt $\alpha = 3$ und $\beta = -0,5$ vor.

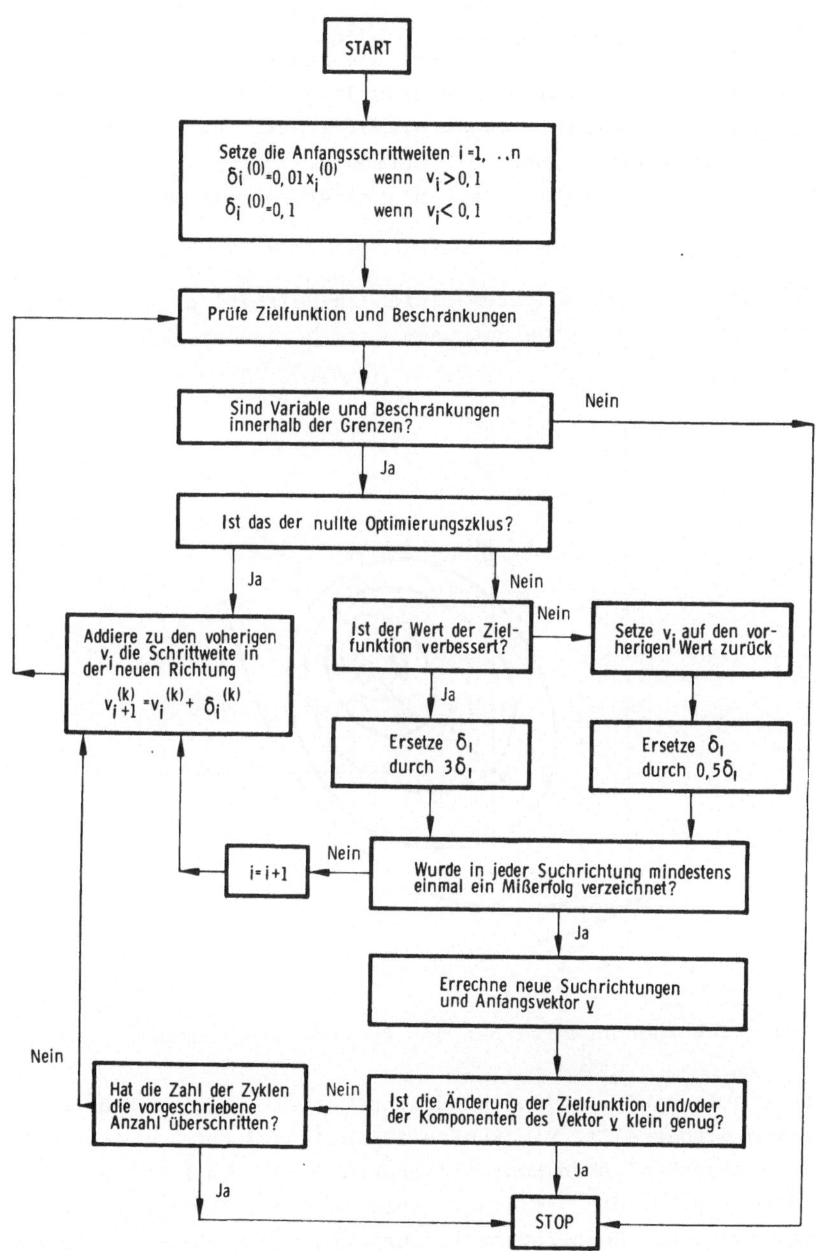

Bild 17: Flußdiagramm zur Rosenbrock-Methode

Die übrigen Richtungen $\underline{e}_2^{(k+1)} \ldots \underline{e}_n^{(k+1)}$ werden dann aus den linearen unabhängigen Vektoren, die von $\underline{v}_0^{(k)}$ aus zu den besten Punkten je Richtung (in Bild 16 $\underline{v}_1^{(1)}$ und $\underline{v}_2^{(1)}$) gehen, durch eine Orthonormierungsprozedur (vgl. dazu Rutishauser /51/, Nake /40/, Palmer /47/) erzeugt.

Der gesamte Algorithmus ist in knapper Form in Bild 17 dargestellt.

Abschließend soll an einem einfachen Beispiel die Vorgehensweise der Rosenbrock-Methode nochmals gezeigt werden (Bild 18).

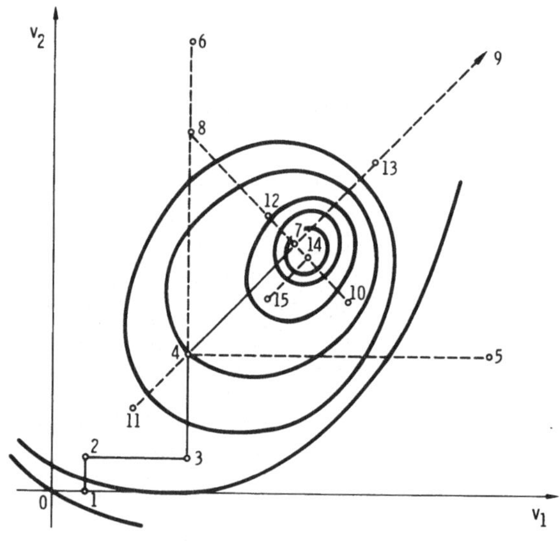

Bild 18: Vorgehensweise bei der Rosenbrock-Methode

Die Punkte sind fortlaufend durchnumeriert, $f(\underline{v})$ ist durch Höhenlinien dargestellt. Die Punkte 1 bis 4 sind erfolgreiche Schritte im ursprünglichen Koordinatengerüst. Die Punkte 5 und 6 sind Mißerfolge, so daß damit der erste Suchzyklus beendet ist. Punkt 4 wird zum neuen Koordinatenursprung und die Richtung ist durch die Vektordifferenz $\underline{v}_4 - \underline{v}_0$ festgelegt. Der erste Schritt in der neuen Richtung (Punkt 7) ist ein Erfolg. Alle weiteren Punkte (8 bis 13) stellen Mißerfolge dar. Erst mit Punkt 14 ist in der zu $\underline{v}_4 - \underline{v}_0$ orthogonalen Richtung der erste Erfolg geglückt. Da mit Punkt 16 [1] (15 ist ebenfalls ein Mißerfolg) kein weiterer Erfolg gelingt und damit in jeder Richtung auf einen Erfolg ein Mißerfolg folgt, ist der zweite Suchzyklus beendet und die Koordinatenachsen werden gedreht, usw., bis eines der Abbruchkriterien erfüllt ist.

Die Methode von Rosenbrock wurde von Davies, Swann und Campey (DSC-Methode) weiterentwickelt. In den meisten Fällen erweist sich diese der Rosenbrock-Methode überlegen, Schwefel /53/, so daß es sinnvoll erscheint, anstelle eines Rosenbrock-Algorithmus zwei Algorithmen (EXTREM /29/ und PAMIRO /60/) zu testen, die die Verbesserungen der DSC-Methode schon enthalten.

3.3.3   Methode von Davies, Swann und Campey

Die Weiterentwicklung der DSC-Methode gegenüber der Rosenbrock-Methode besteht in der Einführung der Lagrange-Interpolation für das lineare Suchen entlang der n Richtungen. Ausgangspunkt für die Optimierung ist $\underline{v}_0$. Um eine Lagrange-Interpolation durchführen zu können, benötigt man drei Stützstellen. Im Falle des Programms EXTREM (Bild 19) werden diese so erzeugt, daß der Wert der Gütefunktion an den Stellen $\underline{v}_0$, $\underline{v}_0 + \delta_1 \cdot \underline{e}_1$ und $\underline{v}_0 - \delta_1 \cdot \underline{e}_1$ berechnet wird, wobei δ_1 die Suchschrittamplitude in $\underline{e}_1$-Richtung ist.
Bei den folgenden Darstellungen der Optimierungsverfahren wird aus Gründen der Einfachheit die Optimierungsstufe nur im Falle des Übergangs von einer auf die andere Stufe angegeben.

Durch die drei Punkte F_1, F_2 und F_3 wird eine Parabel gelegt, von der angenommen wird, daß sie den wirklichen Verlauf des Schnittes längs einer Achse durch die Hyperfläche der Gütefunktion hinreichend genau approximiert. Der angenähert extremale Punkt $\underline{v}_1$ entlang der ersten Suchrichtung ergibt sich dann zu:

---

1) Punkt 16 liegt sehr nahe bei Punkt 10 und ist deshalb nicht eingezeichnet.

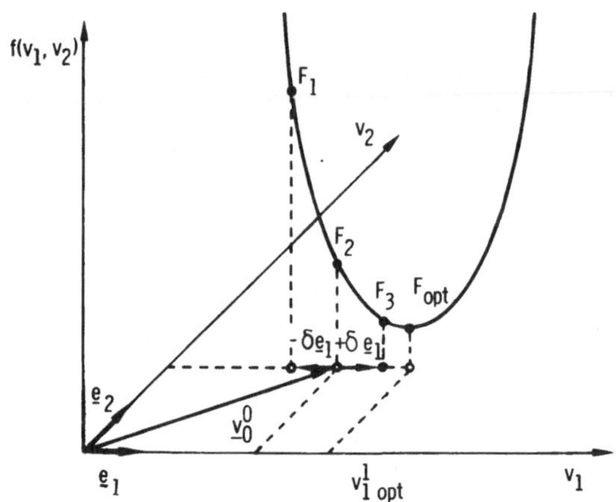

Bild 19: Interpolation des Programmes EXTREM

$$\underline{v}_1 = \underline{v}_0 + \frac{\delta_1 \cdot \underline{e}_1}{|F_1 - 2 \cdot F_2 + F_3|} \cdot \frac{F_3 - F_1}{2\sigma} \quad , \quad \begin{array}{l} \sigma = +1 \text{: Suche eines Maximums,} \\ \sigma = -1 \text{: Suche eines Minimums.} \end{array}$$

Der Betrag des Wertes $F_1 - 2 \cdot F_2 + F_3$ wurde deshalb gewählt, damit auch bei Kurven mit Wendepunkten eine Konvergenz gewährleistet ist. Im errechneten Punkt $\underline{v}_1$ wird dann orthogonal zur $\underline{v}_1$-Richtung also in $\underline{v}_2$-Richtung wieder eine Interpolation durchgeführt.
Im Falle des Programms PAMIRO werden die Stützstellen für die Parabel so errechnet, daß ausgehend von $\underline{v}_0$ ein Schritt in $\underline{e}_1$-Richtung gegangen wird und dann die Funktionswerte an der Stelle $\underline{v}_0$ und an der Stelle $\underline{v}_0 + \delta_1 \cdot \underline{e}_1$ miteinander verglichen werden (Bild 20). Jetzt wird der Punkt des schlechteren Funktionswertes an dem des besseren gespiegelt, um den dritten Punkt möglichst nahe an das Minimum heranzubringen.
Ein Suchzyklus ist beendet, wenn in allen Richtungen eine Interpolation vorgenommen wurde. Nun wird eine Koordinaten-Rotation durchgeführt, wobei die zu orthonormierenden Vektoren durch die Verbindungen der Minima mit dem Ausgangspunkt $\underline{v}_0$ gegeben sind.

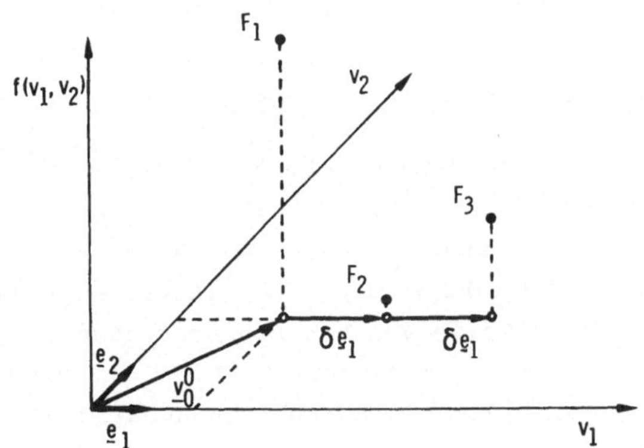

Bild 20: Interpolation des Programms PAMIRO

Zur Steuerung der Suchschrittamplitude δ_i und für die Festlegung
der Abbruchkriterien gibt es verschiedene Möglichkeiten. Im Programm EXTREM werden diese Amplituden für den ersten Suchzyklus
vorgegeben. Sobald während einer Interpolation entlang einer
Suchrichtung der neue Punkt $\underline{v}_i^{(k+1)}$ näher als ein Viertel des
Suchschrittes δ_i in dieser Richtung vom Ausgangspunkt $\underline{v}_i^{(k)}$ entfernt ist, wird für den nächsten Suchzyklus δ_i durch $\delta_i/4$ er-
setzt. Wenn $\underline{v}_i^{(k+1)} - \underline{v}_i^{(k)} > 20\,\delta_i$ gilt, wird dagegen δ_i durch
$2 \cdot \delta_i$ ersetzt. Der Algorithmus unterscheidet eine Suchschritt-
amplitude δ_1 für die Hauptsuchrichtung und eine Amplitude δ_2 für
alle Nebenrichtungen, wobei meistens gilt $\delta_1 > \delta_2$.

Die Optimierung wird abgebrochen, sobald die Summe der absoluten
Veränderungen der Gütefunktion von zwei aufeinanderfolgenden Suchzyklen kleiner als ein vorgegebenes ε_1 ist, oder falls innerhalb
des letzten Zyklus die absolute Veränderung eines Punktes $\underline{v}_i$
kleiner als ε_2 ist, oder wenn die Anzahl der Suchzyklen größer
als ε_3 ist.
Im Programm PAMIRO wird die Suche abgebrochen, wenn sowohl die

absolute Änderung der Gütefunktion als auch die absolute Änderung eines Punktes $\underline{v}_i$ kleiner als ein vorgegebenes ε sind.[1]

3.3.4 <u>Methode von Hooke und Jeeves</u>

Die im folgenden beschriebene Methode stellt eine Modifikation der Pattern-search-Methode von Hooke und Jeeves dar. Sie wurde von Bandler und Macdonald /5/ unter dem Namen Razor-search-Methode veröffentlicht. Neben einer Schrittweitensteuerung und einer etwas anderen Folge von Versuchsschritten und Pattern-Schritten unterscheidet sich diese Version von der ursprünglichen vor allem durch die Einführung von Zufallsbewegungen bei der Minimumsuche. Diese Maßnahme soll ein zu langsames Voranschreiten des Algorithmus bei unstetigen partiellen Ableitungen der Zielfunktion J verhindern. Die Vorgehensweise soll nun direkt an einem Beispiel erläutert werden (Bild 21), wobei die Punkte in der Reihenfolge ihrer Berechnung, beginnend bei O, durchnumeriert sind.

Ausgangspunkt der Suche ist $\underline{v}_0$. Nach der Berechnung des Funktionswertes $f(\underline{v}_0)$ wird in $\underline{e}_1$-Richtung ein Versuchsschritt mit der Schrittweite δ gemacht:

$$\underline{v}_1 = \underline{v}_0 + \delta \cdot \underline{e}_1 \qquad \text{mit } \delta = \delta_1 = \delta_2 .$$

Da $f(\underline{v}_1) < f(\underline{v}_0)$ ist, wird der Punkt $\underline{v}_1$ akzeptiert und von ihm aus ein Versuchsschritt in $\underline{e}_2$-Richtung unternommen:

$$\underline{v}_2 = \underline{v}_1 + \delta \cdot \underline{e}_2 .$$

Punkt $\underline{v}_2$ wird nicht akzeptiert, da $f(\underline{v}_2) > f(\underline{v}_1)$ und es wird ein Versuchsschritt in die entgegengesetzte Richtung unternommen. Da $\underline{v}_3$ ein Erfolg ist, wird damit ein Versuchszyklus beendet.

---

1) Trotz Versuchen mit den verschiedensten Werten für die Größe VKL (Steuergröße für die Schrittweitenänderung) und verschiedenen Anfangswerten für die Variablen VAR und die Testschrittweiten TSW konnte kein Abbruch des Programms erreicht werden. Deshalb wurde das o.g. Abbruchkriterium zusätzlich in das Programm eingefügt.

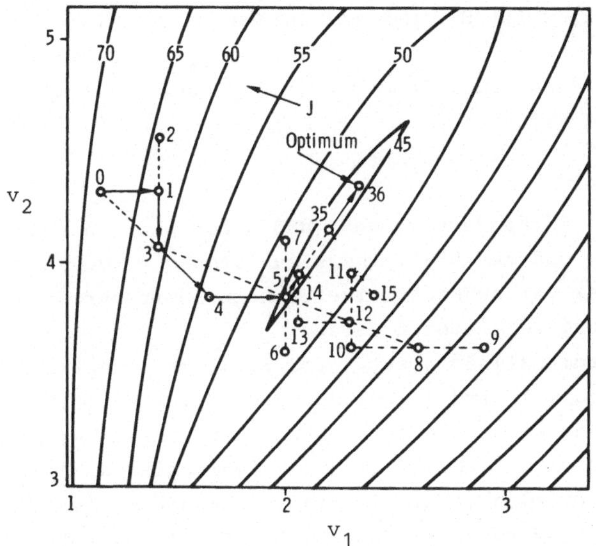

Bild 21: Beispiel für die Vorgehensweise des Razor-search-
        Algorithmus

Der Punkt $\underline{v}_3$ wird zum neuen Basispunkt und es wird ein Pattern-
Schritt in der sich als günstig erwiesenen Richtung, die durch
die Verbindung von $\underline{v}_0$ und $\underline{v}_3$ gegeben ist, durchgeführt:

$$\underline{v}_4 = \underline{v}_3 + (\underline{v}_3 - \underline{v}_0) .$$

Jetzt wird die Schrittweite δ neu berechnet:

$$\delta = |\underline{v}_3 - \underline{v}_0| / \sqrt{n} \quad \text{mit } n\text{: Anzahl unabhängiger Variablen}$$
$$(\text{hier } n = 2).$$

Da die Versuchsschritte in beiden Richtungen erfolgreich waren,
bleibt der ursprüngliche Wert von δ erhalten. Die Schrittweite
δ wird mit einem Wert ε verglichen, der nach folgender Vorschrift berechnet wird:

$$\varepsilon = \varepsilon_{min} \cdot \eta^{\varkappa} .$$

Das laufende Minimum der zulässigen Versuchsschritte wird mit ε bezeichnet, $\varkappa$ ist die maximal zulässige Anzahl der Random-Bewegungen, η ist ein Faktor ($\eta \geq 1$) und ε_{min} ist die untere Schranke von ε. Nach jeder Random-Bewegung wird ε durch den Skalierungsfaktor η dividiert:

$$\varepsilon = \varepsilon/\eta \ .$$

Damit soll verhindert werden, daß schon bei den ersten Suchzyklen δ zu klein und der Algorithmus zu langsam wird. Das laufende Minimum der Versuchsschrittweite kann somit nur nach einer Random-Bewegung verkleinert werden.

Da in diesem Fall $\delta > \varepsilon$ ist, wird $f(\underline{v}_4)$ berechnet und durch einen Versuchsschritt wird $\underline{v}_5$ gefunden. Da $f(\underline{v}_5) < f(\underline{v}_4)$, wird $\underline{v}_5$ akzeptiert und es werden in $\underline{e}_2$-Richtung zwei Versuchsschritte ($\underline{v}_6$ und $\underline{v}_7$) unternommen, die jedoch beide fehlschlagen. Deshalb wird δ reduziert. Trotzdem stellt $\underline{v}_5$ eine Verbesserung dar, da $f(\underline{v}_5) < f(\underline{v}_3)$. Der Punkt $\underline{v}_5$ wird so zum neuen Basispunkt und durch eine Pattern-Bewegung wird $\underline{v}_8$ gefunden und δ ergibt sich zu: $\delta = |\underline{v}_5 - \underline{v}_3| / \sqrt{2}$. Die Versuchsschritte um den Punkt $\underline{v}_8$ enden in Punkt $\underline{v}_{11}$ erfolglos, da $f(\underline{v}_{11}) > f(\underline{v}_5)$. Um nun die ausgeführte Pattern-Bewegung nicht zu zerstören, wird ein neuer Punkt $\underline{v}_{12}$ zwischen $\underline{v}_5$ und $\underline{v}_8$ berechnet und die Versuchsschrittweite δ wird reduziert. Zwei Versuchsschritte führen über $\underline{v}_{13}$ zu $\underline{v}_{14}$, der eine Verbesserung gegenüber $\underline{v}_5$ darstellt. Aber ein Vergleich von δ mit ε zeigt, daß δ zu klein ist. Damit ist der erste Pattern-Zyklus in $\underline{v}_{14}$ beendet.

Jetzt wird ein neuer Punkt $\underline{v}_{15}$ durch folgende Vorschrift berechnet:

$$\underline{v}_i = \underline{v}_{i,0} + \rho \cdot R_{zuf} \cdot \varepsilon, \quad 1 \leq i \leq n \ .$$

Es wird also in jeder Richtung vom zuletzt gefundenen Punkt $\underline{v}_{i,0}$ (hier $\underline{v}_{14}$) aus eine Zufallsbewegung durchgeführt, wobei ρ ein Faktor und R_{zuf} eine Zufallszahl zwischen -1 und $+1$ ist. Die Suchschrittweite ergibt sich zu: $\delta = |\underline{v}_{15} - \underline{v}_{14}| / \sqrt{2}$. Von $\underline{v}_{15}$ aus startet nun ein weiterer Pattern-Zyklus, der in Punkt $\underline{v}_{35}$ enden soll wegen $\delta < \varepsilon$. Jetzt werden $f(\underline{v}_{35})$ und $f(\underline{v}_{14})$ miteinander verglichen. Da $f(\underline{v}_{35}) < f(\underline{v}_{14})$ ist, ergibt sich die Richtung des Tales, das zum Minimum führt zu $\underline{v}_{35} - \underline{v}_{14}$. Nun wird $\underline{v}_{35}$

zum neuen Basispunkt und durch eine Pattern-Bewegung wird $\underline{v}_{36}$ gefunden.

Diese Prozedur wird fortgesetzt, bis $\delta < \varepsilon$. Dann wird das Abbruch-kriterium getestet. Dafür gibt es verschiedene Möglichkeiten. So kann z.B. geprüft werden, ob die Verbesserung des Gütefunk-tionswertes unter einen vorgegebenen Wert gesunken ist. Ist das Gütekriterium nicht erfüllt, wird eine weitere Random-Bewegung durchgeführt.

3.3.5 Methode von Nelder und Mead (Simplex-Methode)

Ein regulärer Polyeder in $\mathbf{E}^n$ wird als Simplex bezeichnet, Him-melblau /23/. Bei der Minimierung einer Zielfunktion können die Testpunkte in den Eckpunkten eines Simplex gewählt werden. Aus-gehend von einem Punkt $\underline{v}_0$ werden die n weiteren Punkte des Start-simplex durch Schritte entlang der Achsen $\underline{e}_i$, $1 \leq i \leq n$, erzeugt:

$$\underline{v}_i = \underline{v}_0 + \delta_i \cdot \underline{e}_i \qquad (\delta_i = \text{Schrittweite} = \text{Kantenlänge des Startsimplex}).$$

Dann wird für jeden Punkt der Funktionswert $f(\underline{v}_i)$ berechnet und die Punkte werden anschließend nach diesen Funktionswerten sor-tiert. Für die weiteren Überlegungen interessieren vor allem drei Werte: der höchste, der zweithöchste und der niedrigste,

$$f(\underline{v}_h) = \max (f(\underline{v}_i)), \quad 0 \leq i \leq n,$$
$$f(\underline{v}_z) = \max (f(\underline{v}_i)), \quad 0 \leq i \leq n; \; i \neq h,$$
$$f(\underline{v}_l) = \min (f(\underline{v}_i)), \quad 0 \leq i \leq n .$$

Um die Minimierung durchführen zu können, werden vier Simplex-Bewegungen benötigt:

- Reflexion,
- Expansion,
- Kontraktion,
- Reduktion.

Im folgenden werden diese Operationen am zweidimensionalen Fall näher erläutert. Die Ausführungen folgen Voß /60/, da von dort das Programm (REFLEX) übernommen und getestet wurde.

Reflexion

Um eine Verbesserung bei der Minimumsuche zu erreichen, soll der Punkt $\underline{v}_h$ durch einen besseren ersetzt werden. Dazu wird der Schwerpunkt $\underline{v}_c$ des Simplex aus allen Eckpunkten außer $\underline{v}_h$ nach folgender Formel berechnet:

$$\underline{v}_c = \frac{1}{n} \left(\left(\sum_{i=0}^{n} \underline{v}_i \right) - \underline{v}_h \right).$$

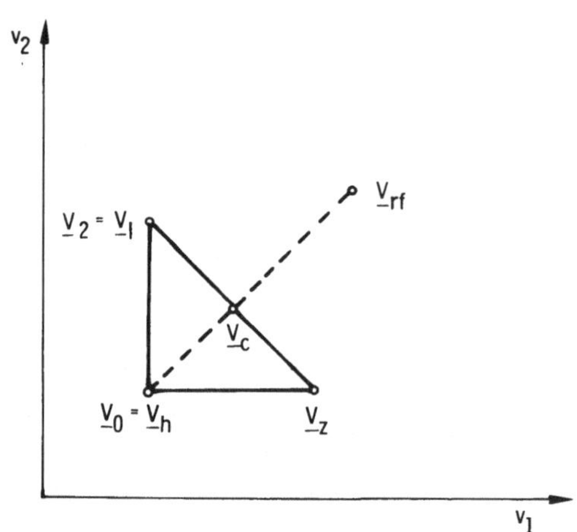

Bild 22: Simplex-Reflexion

Dann wird der Punkt $\underline{v}_h$ an diesem Schwerpunkt $\underline{v}_c$ nach folgender Vorschrift gespiegelt:

$$\underline{v}_{rf} = (1+\alpha)\,\underline{v}_c - \alpha \cdot \underline{v}_h \qquad \text{mit } \alpha > 0 \, ,$$

wobei α der Reflexionskoeffizient ist. Er bestimmt die Schrittweite der Reflexion. Jetzt wird der Funktionswert $f(\underline{v}_{rf})$ errechnet. Gilt $f(\underline{v}_l) \leqq f(\underline{v}_{rf}) \leqq f(\underline{v}_z)$, wird $\underline{v}_h$ durch $\underline{v}_{rf}$ ersetzt und eine weitere Reflexion durchgeführt.

Expansion

Gilt dagegen $f(\underline{v}_{rf}) < f(\underline{v}_1)$ erzeugt also der neue Punkt $\underline{v}_{rf}$ einen besseren Funktionswert als $\underline{v}_1$, wird $\underline{v}_h$ nicht durch $\underline{v}_{rf}$ ersetzt, sondern es wird ein weiterer Punkt $\underline{v}_e$ in der sich als günstig erwiesenen Richtung berechnet. Es wird dabei nach folgender Vorschrift vorgegangen:

$$\underline{v}_e = (1+\beta)\,\underline{v}_{rf} - \beta\,\underline{v}_c \qquad \text{mit } \beta > 0 \text{ (Expansionskoeffizient).}$$

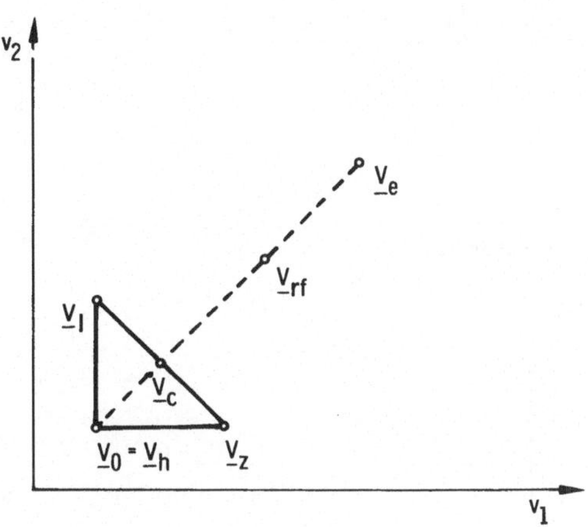

Bild 23: Simplex-Expansion

Der nun errechnete Funktionswert $f(\underline{v}_e)$ wird mit $f(\underline{v}_{rf})$ verglichen. Ist $f(\underline{v}_e) \geqq f(\underline{v}_{rf})$, wird $\underline{v}_h$ durch $\underline{v}_{rf}$ ersetzt, da die Expansion erfolglos war. Ist dagegen $f(\underline{v}_e) < f(\underline{v}_{rf})$, wird $\underline{v}_h$ durch $\underline{v}_e$ ersetzt und eine weitere Reflexion durchgeführt.

Kontraktion

Wenn nach der Reflexion $f(\underline{v}_h) \geqq f(\underline{v}_{rf}) > f(\underline{v}_z)$ ist, wird nach folgender Vorschrift ein Punkt $\underline{v}_{k1}$ bestimmt:

$$\underline{v}_{k1} = \gamma \cdot \underline{v}_c + (1-\gamma)\underline{v}_{rf} \qquad \text{mit dem Kontraktionskoeffizient } \gamma,$$
$$0 < \gamma < 1.$$

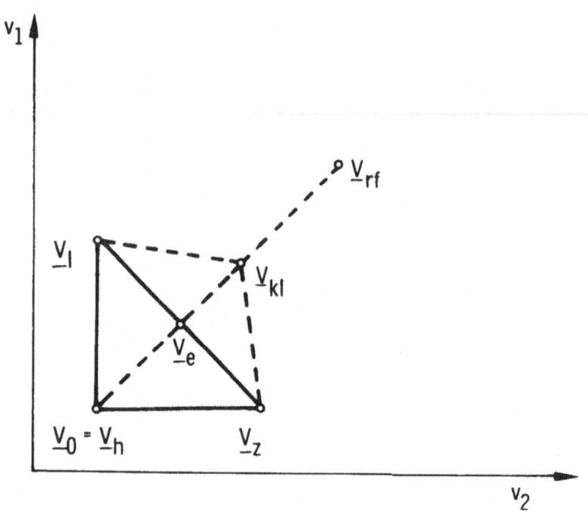

Bild 24: Simplex-Kontraktion außen

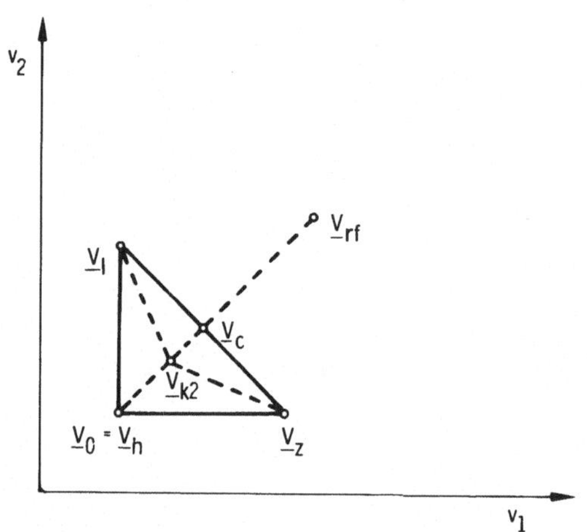

Bild 25: Simplex-Kontraktion innen

Ist $f(\underline{v}_{k1}) \leq f(\underline{v}_{rf})$, wird $\underline{v}_h$ durch $\underline{v}_{k1}$ ersetzt und eine weitere Reflektion durchgeführt.

Gilt nach der Reflektion $f(\underline{v}_{rf}) > f(\underline{v}_h)$, so wäre es sinnlos, $\underline{v}_h$ durch $\underline{v}_{rf}$ zu ersetzen. In diesem Fall wird eine innere Kontraktion vorgenommen:

$$\underline{v}_{k2} = \gamma \cdot \underline{v}_h + (1-\gamma)\,\underline{v}_c \ , \ 0 < \gamma < 1 \ .$$

Ist dann $f(\underline{v}_{k2}) \leq f(\underline{v}_h)$, wird $\underline{v}_h$ durch $\underline{v}_{k2}$ ersetzt.

Reduktion

Sind alle bisherigen Operationen fehlgeschlagen, wird eine Simplex-Reduktion vorgenommen, d.h. alle Punkte werden zum besten Punkt $\underline{v}_1$ hin zusammengezogen:

$$\underline{v}_{i,neu} = 0,5 \ (\underline{v}_1 + \underline{v}_i), \quad 0 \leq i \leq n \ .$$

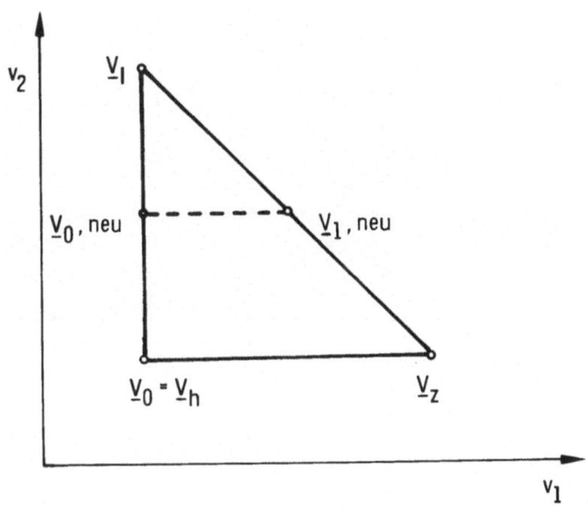

Bild 26: Simplex-Reduktion

Das Abbruchkriterium, das von Nelder und Mead zur Beendigung der Suche verwendet wurde, lautet:

$$\left\{ \frac{1}{n+1} \sum_{i=0}^{n} \left[\, f(\underline{v}_i) - f(\underline{v}_c) \,\right]^2 \right\}^{1/2} \leq \varepsilon \ .$$

Wichtig ist dabei die Berücksichtigung der quadrierten Abweichungen aller Punkte vom Schwerpunkt, so daß einzelne stark ab-
weichende Werte einen größeren Einfluß ausüben, als dies z.B.
bei der Bewertung von absoluten Abstandsbeträgen der Fall wäre.

In den Bildern 27 und 28 sind einige Iterationen für den zweidimensionalen Fall dargestellt.

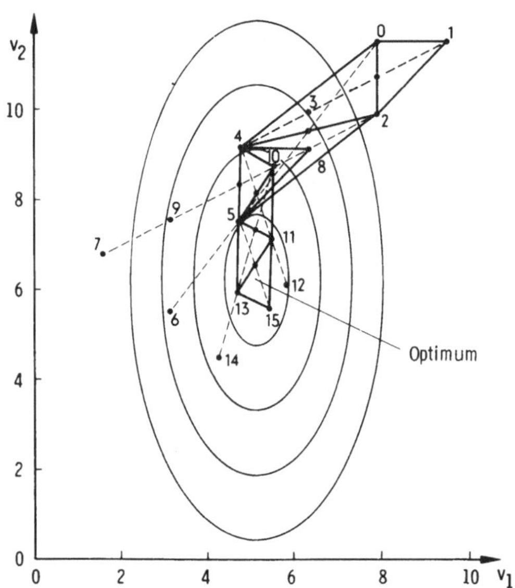

Bild 27: Beispiel für Simplex-Methode (Diagramm)

Das Programm REFLEX bricht die Suche ab, wenn der erreichte Ziel-
funktionswert $f(\underline{v}_1) < \varepsilon$ ist. Die vorgegebene Schranke wird dabei
mit ε bezeichnet. Dieses Abbruchkriterium ist natürlich nur sinnvoll, wenn das Optimum a priori bekannt ist, wie z.B. bei der
Verwendung von Residuenquadraten als Gütefunktion. Als weiteres
Abbruchkriterium wird die "Größe" des Simplex herangezogen. Dabei wird die Kontraktion beim Erreichen einer bestimmten Genauigkeit abgebrochen. Es erfolgt ein Abbruch wenn gilt:

$$f(\underline{v}_h) - f(\underline{v}_1) < \left\{ |f(\underline{v}_h)| + |f(\underline{v}_1)| \right\} \cdot 0{,}5 \cdot 10^{-6} .$$

Optimierungs-stufen	Simplexecken							Operation
	$\underline{V}_h$			$\underline{V}_z$		$\underline{V}_1$		
0		1		0		2		Startsimplex
							3	Reflexion
							4	Expansion
1		0		2		4		
							5	Reflexion
					6			Expansion
2		2		4		5		
	7							Reflexion
			8					i. Kontraktion
3		8		4		5		
	9							Reflexion
					10			i. Kontraktion
4		4		10		5		
							11	Reflexion
							12	Expansion
5		10		5		11		
							13	Reflexion
					14			Expansion
6		5		11		13		
					15			Reflexion

Bild 28: Beispiel zur Simplex-Methode (Tabelle)

Durch diese Formel wird erreicht, daß nicht nach dem Eintritt einer absoluten, sondern einer relativen (bezüglich des Niveaus der Funktionswerte) Genauigkeit abgebrochen wird.

3.3.6 Optimierung mit Beschränkungen

Bisher wurde nur die unbeschränkte Optimierung betrachtet, die jedoch in der Praxis nur selten zu finden ist. Im Falle von Beschränkungen treten neben die zu optimierende Zielfunktion $J(\underline{v})$ noch Bedingungsgleichungen der Form $g(\underline{v}) \leqq 0$, $g(\underline{v}) = 0$, $g(\underline{v}) \geqq 0$. Dabei reduziert eine Gleichung die Zahl der Variablen um eins, wogegen Ungleichungen den Lösungsraum verkleinern und damit die Lösungsfindung erschweren.

Alle im Abschnitt 3.3 dargestellten Verfahren sind in der Lage, Beschränkungen bei der Optimierung zu berücksichtigen. Dies kann grundsätzlich auf zwei Arten geschehen, Horst /24/, Himmelblau /23/.

Bei der ersten Vorgehensweise wird bei jedem Such- oder Extrapolationsschritt geprüft, ob eine Steuer- oder Zustandsgröße mindestens eine Beschränkung verletzt. Ist dies der Fall, wird der aktuelle Punkt in den zulässigen Bereich zurückgesetzt. Das Programm EXTREM unterscheidet dabei z.B., ob die Verletzung bei einem Such- oder einem Extrapolationsschritt eingetreten ist, und nimmt danach die Umkehr der Suchrichtung vor bzw. bestimmt die Schrittweitenreduzierung.

Die zweite Vorgehensweise benutzt Straffunktionen, die der Gütefunktion hinzugefügt werden, und die das Verlassen des erlaubten Gebietes mit hohen Kosten belegen.

Das erste, "harte" Verfahren weist im allgemeinen eine langsamere Konvergenz auf als das zweite. Es verlangt außerdem einen zulässigen, d.h. innerhalb des erlaubten Bereichs liegenden, Startpunkt. Liegt kein zulässiger Punkt vor, kann mit Hilfe von Zufallszahlen versucht werden, einen solchen Punkt zu finden. Bei der Verwendung von Straffunktionen tritt dieses Problem nicht auf, da das beschränkte Optimierungsproblem durch die Straffunktion in ein unbeschränktes umgewandelt wird. Andererseits kann die Gütefunktion durch die Straffunktion so verändert werden, daß zusätzliche lokale Optima auftreten, die dann durch Optimierungsläufe von verschiedenen Startpunkten aus ermittelt und durch gegenseitigen Vergleich ausgeschlossen werden müssen.

STATISCHE OPTIMIERUNG AM BEISPIEL EINES EINFACHEN LAGERMODELLS

Die Anwendung der im vorigen Abschnitt dargestellten direkten Suchverfahren auf die statische und dynamische Optimierung ist Gegenstand der beiden folgenden Kapitel. Um die prinzipielle Vorgehensweise nicht mit einer Fülle von Details zu überdecken, werden nur einfache Demonstrationsbeispiele angeführt. Daß mit der entwickelten Vorgehensweise auch komplexe Modelle bearbeitet werden können, wird im Abschnitt 5.6 gezeigt.

Die Idee, die dem folgenden Lagermodell zugrunde liegt, geht auf die Betrachtung des Lagers als Speicher mit kontinuierlichen Zuflüssen (Istproduktionsrate $p(t)$) und Abflüssen (Nachfragerate $z(t)$) zurück. Die Voraussetzungen, die dabei gemacht werden und ihre Übereinstimmung mit der Realität werden von Baetge /3/ ausführlich beschrieben.
Die Produktion wird als Verzögerungsglied erster Ordnung (vgl. Forrester /15/) angenommen, so daß die Istproduktionsrate nur mit einer zeitlichen Verzögerung der Sollproduktionsrate $p_s(t)$ folgt. Die Produktionsplanung wird als PI-Regler beschrieben. Damit ergibt sich das in Bild 29 dargestellte Blockschaltbild des Produktions-Lager-Modells.

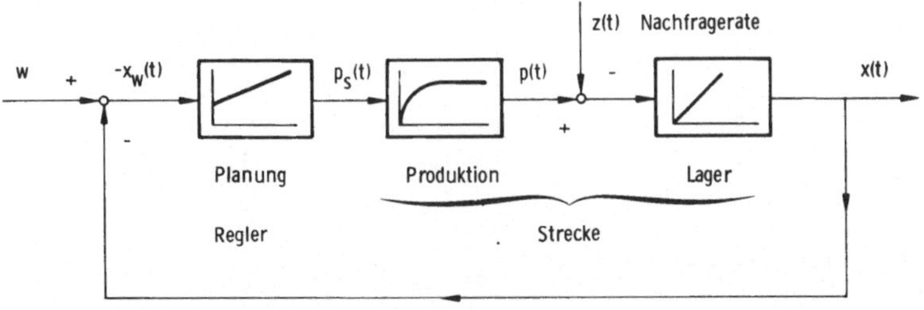

Bild 29: Blockschaltbild des Produktions-Lager-Modells

Mit $\bar{x}(t) = w-x(t)$ ergibt sich folgende Gleichung für die laplace-transformierten Größen:

$$\bar{X}(s) = -\bar{X}(s)\,\frac{K}{s(1+T_P s)} - \bar{X}(s)\,\frac{K}{s^2(1+T_P s)T_I} + Z(s) \cdot \frac{1}{s} \ . \qquad (4.1)$$

Der Verstärkungsfaktor und die Integrationskonstante des Reglers werden mit K bzw. T_I und die Verzögerungszeit der Produktion wird mit T_P bezeichnet. Aus (4.1) ergibt sich ein Polynom dritten Grades in s

$$T_I T_P\ s^3\ \bar{X}(s) + T_I\ s^2\ \bar{X}(s) + K\ T_I\ s\ \bar{X}(s) + K\ \bar{X}(s) = T_I\ s\ Z(s) + T_I T_P\ s^2\ Z(s).$$

$$(4.2)$$

Zurücktransformiert in den Zeitbereich folgt daraus

$$T_I T_P\ \dddot{\bar{x}}(t) + T_I\ \ddot{\bar{x}}(t) + KT_I\ \dot{\bar{x}}(t) + K\ \bar{x}(t) = T_I\ \dot{z}(t) + T_I T_P\ \ddot{z}(t) \ . \qquad (4.3)$$

Für die weitere Untersuchung des Modells wird (4.3) in Zustandsraumdarstellung gebracht:

$$\dot{\underline{x}}(t) = A\ \underline{x}(t) + \underline{b}\ z(t) \ , \qquad (4.4)$$

$$y(t) = \underline{c}^T\ \underline{x}(t) \ , \quad [1] \qquad (4.5)$$

mit der Systemmatrix

$$A = \begin{bmatrix} 0 & 1 & 0 \\ 0 & 0 & 1 \\ -\dfrac{K}{T_I T_P} & -\dfrac{K}{T_P} & -\dfrac{1}{T_P} \end{bmatrix} ,$$

dem Störvektor

$$\underline{b}^T = \left[\, 0,\ 0,\ \frac{1}{T_I T_P} \,\right]$$

und dem Beobachtungsvektor

$$\underline{c}^T = \left[\, 0,\ -T_I,\ -T_I T_P \,\right] \ .$$

---

[1] Ein Vektor $\underline{c}^T$ oder eine Matrix A^T bezeichnen die Transponierte des Vektors $\underline{c}$ bzw. der Matrix A.

Einige das Verhalten des Modells in der Form (4.3) kennzeich-
nenden Größen können nun durch die Zustandsgrößen x_i, $1 \leq i \leq 3$ ausgedrückt werden. Die Abweichung des Lagerbestandes vom Sollagerbestand ergibt sich zu

$$\bar{x}(t) = - T_I \, x_2(t) - T_I T_P \, x_3(t) \; ,$$

die zeitliche Änderung der Lagerbestandsabweichung zu

$$\dot{\bar{x}}(t) = K \, x_1(t) + KT_I \, x_2(t) + z(t)$$

und die zeitliche Änderung der Istproduktionsrate zu

$$\dot{p}(t) = K \, x_2(t) + KT_I \, x_3(t).$$

Für die Stabilität nach Hurwitz ergibt sich aus der charakteristischen Gleichung

$$T_I T_P \, s^3 + T_I \, s^2 + KT_I \, s + K = 0 \qquad\qquad (4.6)$$

mit

$$a_0 = T_I T_P, \; a_1 = T_I, \; a_2 = KT_I \text{ und } a_3 = K$$

die Hurwitzdeterminante

$$h = \begin{vmatrix} a_1 & a_3 & 0 \\ a_0 & a_2 & 0 \\ 0 & a_1 & a_3 \end{vmatrix} \qquad \text{mit den Unterdeterminanten}$$

$$h_1 = a_1 \; , \qquad h_2 = \begin{vmatrix} a_1 & a_3 \\ a_0 & a_2 \end{vmatrix} \text{ und } h_3 = h = a_3 \cdot h_2 \; .$$

Mit der Bedingung, daß alle Determinanten positiv sein müssen,
wenn das System stabil sein soll, folgt

$$T_I > 0 \; ,$$

$$K \, T_I^2 - K \, T_I T_P > 0 \; .$$

Daraus folgt

$$T_I > T_P \quad \text{und} \quad K > 0 \; .$$

Die Optimierung der Reglerparameter K und T_I kann mit Hilfe der Ljapunov'schen Matrizengleichung durchgeführt werden.

Für das Gütekriterium wird dabei folgende Beziehung angesetzt:

$$J = \int_0^T \left[\underline{x}^T(t)\, Q\, \underline{x}(t) \right] dt = \underline{x}_0^T\, R\, \underline{x}_0 - \underline{x}^T(t)\, R\, \underline{x}(t) \ . \qquad (4.7)$$

Die Bewertungsmatrix wird mit Q bezeichnet. Nach der Differenzierung von (4.7) und dem Einsetzen der Gleichung $\dot{x}(t) = A\,\underline{x}(t)$ ergibt sich für die Ljapunov'sche Gleichung

$$A^T R + R A = - Q \ . \qquad (4.8)$$

Mit R wird die Lösungsmatrix von (4.8) bezeichnet. Für R gilt $R = R^T$.

Für asymptotische Stabilität folgt aus (4.7)

$$J = \underline{x}_0^T\, R\, \underline{x}_0 \ . \qquad (4.9)$$

Mit der Systemmatrix des Modells und der Bewertungsmatrix Q in Diagonalform ergibt sich für (4.8)

$$
\begin{bmatrix}
-2r_{13}\dfrac{K}{T_I T_P} & r_{11}-r_{13}\dfrac{K}{T_P}-r_{23}\dfrac{K}{T_I T_P} & r_{12}-r_{13}\dfrac{1}{T_P}-r_{33}\dfrac{K}{T_I T_P} \\[2ex]
r_{11}-r_{13}\dfrac{K}{T_P}-r_{23}\dfrac{K}{T_I T_P} & 2\left(r_{12}-r_{23}\dfrac{K}{T_P}\right) & r_{13}+r_{22}-r_{23}\dfrac{1}{T_P}-r_{33}\dfrac{K}{T_P} \\[2ex]
r_{12}-r_{13}\dfrac{1}{T_P}-r_{33}\dfrac{K}{T_I T_P} & r_{13}+r_{22}-r_{23}\dfrac{1}{T_P}-r_{33}\dfrac{K}{T_P} & 2\left(r_{23}-r_{33}\dfrac{1}{T_P}\right)
\end{bmatrix}
$$

$$
= \begin{bmatrix}
-q_{11} & 0 & 0 \\
0 & -q_{22} & 0 \\
0 & 0 & -q_{33}
\end{bmatrix} \ . \qquad (4.10)
$$

Die Anregung des Systems (4.3) durch einen Sprung der Nachfragerate $z(t)$ zum Zeitpunkt t=0 entspricht einem Anfangsvektor

$$\underline{x}_0^T = [-1,\ 0,\ 0]$$

des autonomen Systems $\dot{x}(t) = A\,\underline{x}(t)$ (vgl. (4.4)).

Damit folgt aus (4.9)

$$J = r_{11} \; .$$

Aus (4.10) kann r_{11} bestimmt werden zu

$$r_{11} = \left(\frac{T_I}{2} + \frac{T_I}{2K(T_I-T_P)}\right) q_{11} + \frac{1}{2(T_I-T_P)} q_{22} + \left(\frac{K}{2T_P(T_I-T_P)} - \frac{K}{2T_I T_P}\right) q_{33} \; .$$

$$(4.11)$$

Zur Bestimmung der optimalen Reglerparameter wird das Gütekriterium nach K bzw. T_I abgeleitet und zu Null gesetzt:

$$\frac{\partial J}{\partial K} = \frac{\partial r_{11}}{\partial K} = 0 \; .$$

Daraus folgt die Beziehung

$$K = T_I \sqrt{\frac{q_{11}}{q_{33}}} \; . \qquad (4.12)$$

Aus $\frac{\partial J}{\partial T_I} = \frac{\partial r_{11}}{\partial T_I} = 0$ folgt mit $\bar{q} = \frac{q_{33}}{q_{11}}$ unter Berücksichtigung von (4.12)

$$T_{I_{1,2}} = T_P \left(\pm\right) \sqrt{2\,\bar{q} + \frac{q_{22}}{q_{11}}} \; . \qquad (4.13)$$

Da nach dem Stabilitätskriterium von Hurwitz $T_I > T_P$ gilt, bleibt nur eine stabile Lösung.

Aus (4.12) folgt, daß für das Modell nur ein Reglerparameter optimiert werden kann und sich der andere aus der genannten Gleichung errechnet. Mit den Werten $q_{11} = q_{22} = q_{33} = 1$ und $T_P = 0,5$ ergeben sich die optimalen Reglerparameter zu

$$K = T_I = 2,232 \; .$$

Für die numerische Optimierung des Modells (4.3) wird nun das Programm EXTREM (vgl. Kap. 3.3.3) eingesetzt. Ein Vergleich aller beschriebenen Optimierungsverfahren findet sich in Kap. 5.5.

Für die Werte $q_{11} = q_{22} = q_{33} = 1$ und $T_P = 0,5$ werden nach 96 Funktionsaufrufen folgende Werte ermittelt:

$$K = 2,216 , \qquad T_I = 2,232 .$$

Der Wert der Gütefunktion nach (3.1) betrug J = 1,984 und die als
Abbruchkriterium verwendete Differenz des Gütefunktionswertes
der beiden letzten Optimierungsstufen wurde zu $\Delta J = 0,8198 \cdot 10^{-6}$
ermittelt.

Als Integrationsverfahren für die Systemgleichungen wurde ein
Euler-Cauchy-Verfahren verwendet.

Bild 30 zeigt den Verlauf von y(t) (vgl. (4.5)) für die ermittelten optimalen Parameter bei einem Sollagerbestand w = 1,5.

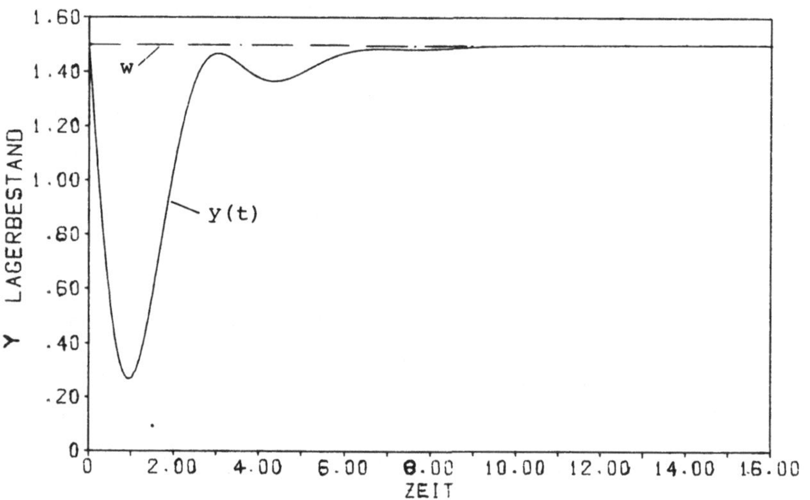

Bild 30: Verlauf des Lagerbestandes y(t) für optimale
Reglerparameter

5 DYNAMISCHE OPTIMIERUNG

5.1 Vorbemerkung

Zur Durchführung der dynamischen Optimierung gibt es eine Reihe
von Vorgehensweisen und Verfahren, Warnecke, Warschat /61/.
Bild 31 zeigt eine Auswahl davon und gibt einen groben Überblick
über den jeweiligen Ablauf.

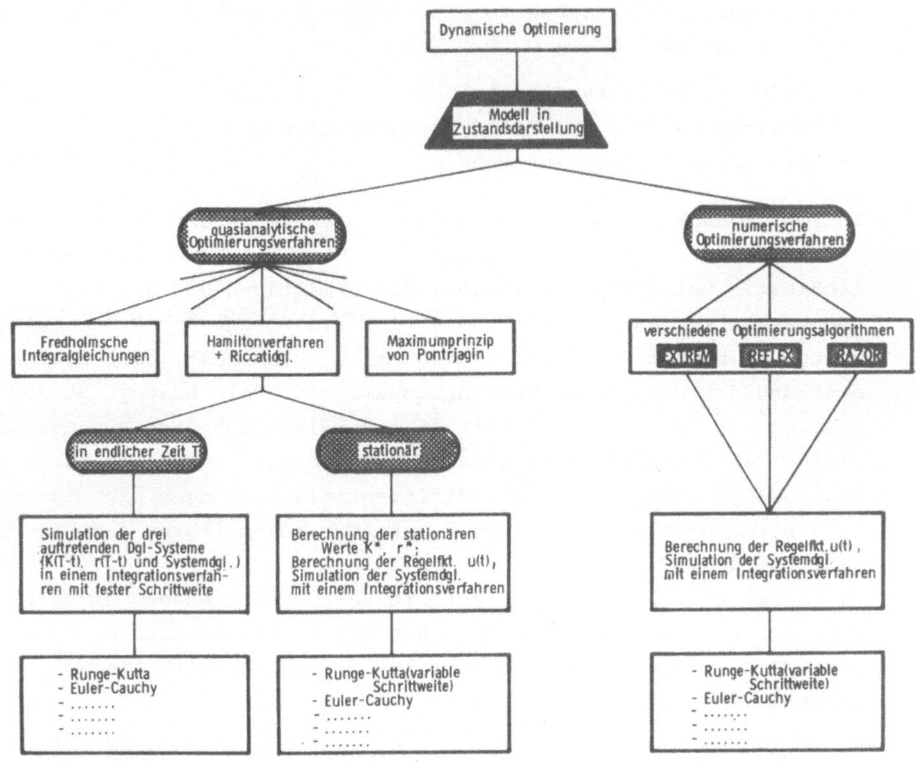

Bild 31: Vorgehensweisen und Verfahren zur dynamischen
Optimierung

Voraussetzung für die Anwendung der Verfahren ist die Formulierung des Modells in Zustandsraumdarstellung, Wiberg /62/. Anschließend muß entschieden werden, ob quasianalytisch oder numerisch vorgegangen werden soll. Die Bezeichnung "quasianalytisch"
soll auf den numerischen Anteil auch bei rein analytischen Verfahren, z.B. die numerische Lösung der Riccatidifferentialgleichung, hinweisen. Im folgenden sind die Begriffe "analytisch"
und "quasianalytisch" synonym verwendet.
Bei der quasianalytischen Vorgehensweise bieten sich z.B. folgende Verfahren an:

- Fredholmsche Integralgleichung, Schrodi /52/[1],
- Hamiltonfunktion und Matrixriccatigleichung,
- Maximumprinzip von Pontrjagin.

Im vorliegenden Fall wurde die Hamiltonfunktion und die Matrix-
riccatidifferentialgleichung gewählt. Hierbei können zwei Möglichkeiten unterschieden werden: die Ermittlung der zeitvarian-
ten Verstärkungsmatrix $K(t)$, die sich als Lösung der Riccatigleichung ergibt und die das instationäre Problem löst, oder die Ermittlung der konstanten Verstärkungsmatrix K^* als Lösung für den
stationären Fall. Das bedeutet eine Vereinfachung der Rechnung,
liefert aber nur für eine große Simulationszeit T die genaue
Lösung. Die Lösung der Systemdifferentialgleichungen kann in
beiden Fällen mit verschiedenen Integrationsverfahren durchgeführt werden.
Die numerische Optimierung läßt die Wahl verschiedener direkter
Suchverfahren zu und die Berechnung der Systemgleichungen kann
ebenfalls mit verschiedenen Integrationsverfahren realisiert
werden.

5.2   Darstellung des Beispielmodells im Zustandsraum

Die dynamische Optimierung, bei der die Struktur des Reglers of-
fengehalten und für die Steuergröße eine allgemeine Funktion der
Form

$$\underline{u}(t) = \Gamma \, (K(t)) \, \underline{x}(t) + \underline{z}(t) \qquad\qquad (5.1)$$

---

1) Hier wird auch ein kurzer Überblick über die anderen Verfahren gegeben.

angenommen wird, kann besonders gut im Zustandsraum dargestellt und durchgeführt werden. Als Beispiel soll ein gegenüber (4.1) etwas abgewandeltes Lagermodell, Bradshaw, Porter /8/, dienen, das in Zustandsraumdarstellung die Form hat:

$$\dot{\underline{y}}(t) = A\underline{y}(t) + \underline{b}_1 u(t) + \underline{b}_2 \dot{u}(t) + \underline{b}_3 z(t) \qquad (5.2)$$

mit der Systemmatrix

$$A = \begin{bmatrix} -\bar{a} & 0 & 0 \\ 1 & 0 & 0 \\ 0 & 1 & 0 \end{bmatrix}$$

und den Vektoren

$$\underline{y}^T = [y_1, y_2, y_3] \; ; \; \underline{b}_1^T = [0,1,0]; \; \underline{b}_2^T = [-1,0,0] \; ; \; \underline{b}_3^T = [0,-1,0],$$

den Zustandsgrößen

$$y_1 = p(t) - u(t)$$
$$y_2 = x(t) - w$$
$$y_3 = \int_0^t y_2(\tau) \; d\tau$$

und der Anfangsbedingung

$$\underline{y}^T(0) = [p(0), \; x(0) - w, \; 0] \; .$$

Dabei ist p(t) die aktuelle Produktionsrate, u(t) ist die gewünschte Produktionsrate, x(t) ist der aktuelle Lagerbestand, z(t) ist die Nachfragerate, w ist der gewünschte, als konstant angenommene, Lagerbestand und $\bar{a}$ ist ein positiver reeller Parameter, der die Anpassungszeit der aktuellen an die gewünschte Produktionsrate angibt.
Die Optimierungsaufgabe besteht nun in der Bestimmung von u(t) derart, daß das gewählte quadratische Gütefunktional

$$J(\underline{y}(t), u(t)) = \int_0^T [\underline{y}^T(t) \; Q \; \underline{y}(t) + \beta \, u^2(t)] \, dt \qquad (5.3)$$

mit $Q = \text{diag} [q_1, q_2, q_3]$
und $q_i > 0, \quad i = 1,2,3$

unter Berücksichtigung der Systemgleichung (5.2), die als Neben-
bedingung des Optimierungsproblems aufgefaßt wird, zu einem Minimum wird. Die Bewertungsmatrix für die Zustandsdifferential-
gleichung wird mit Q, der Bewertungsfaktor, ein reeller positiver Skalar, wird mit β bezeichnet. Der Term $\beta \cdot u^2(t)$ soll erreichen, daß die Stellgröße, d.h. die Produktionsrate, nicht mit
großen Ausschlägen reagiert, sondern einen möglichst gedämpften
Verlauf annimmt.

Um die Optimierung mit der Hamiltonfunktion durchführen zu können, muß die Systemgleichung (5.2) so umgeformt werden, daß die
Ableitung der Steuergröße verschwindet. Bradshaw und Porter verwenden dazu folgenden Ansatz:

$$\begin{bmatrix} \underline{x}(t) \\ u(t) \end{bmatrix} = \begin{bmatrix} I & -\underline{b}_2 \\ \underline{0}^T & 1 \end{bmatrix} \begin{bmatrix} \underline{y}(t) \\ u(t) \end{bmatrix} \tag{5.4}$$

Damit ergibt sich für das umgeformte System:

$$\underline{\dot{x}}(t) = A \, \underline{x}(t) + \underline{b} \, u(t) + \underline{b}_3 \, z(t) \tag{5.5}$$

mit den Vektoren

$$\underline{b} = \underline{b}_1 + A \, \underline{b}_2 \quad \text{und}$$

$$\underline{x}^T(t) = [x_1(t), \, x_2(t), \, x_3(t)],$$

den Zustandsgrößen

$$x_1(t) = p(t) \, ,$$

$$x_2(t) = x(t) - w,$$

$$x_3(t) = \int_0^t [(x(\tau) - w) \, d\tau],$$

und der Anfangsbedingung

$$\underline{x}^T(0) = \underline{x}_0^T = [p(0), \, x(0) - w, \, 0].$$

Entsprechend wird das Gütefunktional (5.3) umgeformt in:

$$J(\underline{x}(t), u(t)) = \int_0^T [\underline{x}^T(t) \, Q \, \underline{x}(t) + \underline{x}^T(t) \, Q\underline{b}_2 \, u(t) + u(t) \, \underline{b}_2^T \, Q \, \underline{x}(t)$$

$$+ u(t) \, (\beta + \underline{b}_2^T \, Q \, \underline{b}_2) \, u(t)] \, dt \, . \tag{5.6}$$

Vor dem Entwurf einer optimalen Regelung muß zuerst die Steuerbarkeit des Modells nachgewiesen werden. Bedingung für die vollständige Steuerbarkeit, Gilles, Knöpp /19/, ist, daß die Matrix

$$S^* = [\underline{b}, \, A\underline{b}, \, A^2\underline{b}]$$

den Rang 3 hat, bzw. daß gilt:

$$\det S^* \neq 0 \quad (\text{nur bei skalaren } u(t)) \ .$$

Nach elementarer Rechnung ergibt sich:

$$\det S^* = \bar{a}^3 .$$

Damit ist das System (5.5) vollständig steuerbar.

5.3   <u>Optimierung mit Hilfe der Hamiltonfunktion</u>

5.3.1   <u>Die kanonischen Gleichungen</u>

Lineare Systeme, die keine Beschränkung der Steuerfunktion $u(t)$
aufweisen, können mit Hilfe der Hamiltonfunktion optimiert werden, Gilles, Knöpp /19/.
Für das betrachtete System lautet die Hamiltonfunktion:

$$H = \frac{1}{2}\Big\{ \underline{x}^T(t)Q\,\underline{x}(t) + \underline{x}^T(t)\,Q\,\underline{b}_2\,u(t) + u(t)\,\underline{b}_2^T\,Q\,\underline{x}(t) +$$

$$u(t)\,[\beta + \underline{b}_2^T\,Q\,\underline{b}_2]\,u(t) + \lambda^T[A\,\underline{x}(t) + \underline{b}\,u(t) + \underline{b}_3\,z(t)]\Big\}.$$

$$(5.7)$$

Die notwendigen Bedingungen für ein Optimum lauten:

$$\frac{\partial H}{\partial \underline{x}(t)} + \dot{\underline{\lambda}}(t) = \underline{0}\ ,$$

$$\underline{\lambda}(T) = \underline{0}\ ,$$

$$\frac{\partial H}{\partial u(t)} = 0\ ,$$

$$(5.8)$$

$$\frac{\partial H}{\partial \underline{\lambda}} - \dot{\underline{x}}(t) = \underline{0}\ .$$

Nach einigen Umformungen ergibt sich daraus die Bestimmungs-
gleichung für $\underline{\lambda}(t)$ zu:

$$\dot{\underline{\lambda}}(t) = - Q\,\underline{x}(t) - Q\,\underline{b}_2\,u(t) - A\,\underline{\lambda}(t) \;, \qquad (5.9)$$

und für die optimale Steuerung zu:

$$u(t) = - (\beta + \underline{b}_2^T Q\,\underline{b}_2)^{-1}\,[\,\underline{b}_2^T Q\,\underline{x}(t) + \underline{b}^T \underline{\lambda}(t)\,] \;. \qquad (5.10)$$

Damit lautet das kanonische Gleichungssystem:

$$
\begin{bmatrix} \dot{\underline{x}}(t) \\[2ex] \dot{\underline{\lambda}}(t) \end{bmatrix}
=
\left[
\begin{array}{c|c}
A - \underline{b}(\beta + \underline{b}_2^T Q\underline{b}_2)^{-1}\underline{b}_2^T Q & -\underline{b}(\beta + \underline{b}_2^T Q\underline{b}_2)^{-1}\underline{b}^T \\[2ex]
-Q + Q\underline{b}_2(\beta + \underline{b}_2^T Q\underline{b}_2)^{-1}\underline{b}_2^T Q & -A^T + Q\underline{b}_2(\beta + \underline{b}_2^T Q\underline{b}_2)^{-1}\underline{b}^T
\end{array}
\right]
\begin{bmatrix} \underline{x}(t) \\[2ex] \underline{\lambda}(t) \end{bmatrix}
+
\begin{bmatrix} \underline{b}_3 \\[2ex] \underline{0} \end{bmatrix}
z(\;
$$

$$(5.11)$$

mit den Anfangs- und Endbedingungen

$$\underline{x}(0) = \underline{x}_0,$$
$$\underline{\lambda}(T) = \underline{0} \;.$$

Mit der Lösung des kanonischen Gleichungssystems ist zugleich die Optimierungsaufgabe - die Ermittlung einer optimalen Produktionsrate $u(t)$ - gelöst.

5.3.2   Die Riccatidifferentialgleichung

Um das gekoppelte Differentialgleichungssystem (5.11) lösen zu können, wird es mit folgendem Ansatz, Gilles, Knöpp /19/, entkoppelt:

$$\underline{\lambda}(t) = K(t)\,\underline{x}(t) + \underline{r}(t) \;. \qquad (5.12)$$

Dabei ist $K(t)$ der optimale Regleroperator und $\underline{r}(t)$ die Steuerung, die auftritt, wenn die kanonischen Gleichungen inhomogen sind. Die Gleichung (5.12) in (5.11) eingesetzt, ergibt unter Berücksichtigung der Systemgleichung (5.5) folgende Differentialgleichung vom Riccatityp für $K(t)$:

$$\dot{K}(t) = K(t)\,[\,\underline{b}(\beta + \underline{b}_2^T Q\underline{b}_2)^{-1}\underline{b}_2^T Q - A\,] + [\,Q\underline{b}_2(\beta + \underline{b}_2^T Q\underline{b}_2)^{-1}\underline{b}^T - A^T\,]K(t)$$

$$+ K(t)\,[\,\underline{b}(\beta + \underline{b}_2^T Q\underline{b}_2)^{-1}\underline{b}^T\,]K(t) - Q + Q\underline{b}_2(\beta + \underline{b}_2^T Q\underline{b}_2)^{-1}\underline{b}_2^T Q$$

$$(5.13)$$

mit der Endbedingung

$$K(T) = 0 \ .$$

Für $\underline{r}(t)$ ergibt sich:

$$\underline{\dot{r}}(t)=\left[Q\underline{b}_2(\beta+\underline{b}_2^T Q\underline{b}_2)^{-1}\underline{b}^T-A^T\right]\underline{r}(t)+K(t)\underline{b}(\beta+\underline{b}_2^T Q\underline{b}_2)^{-1}\underline{b}^T\underline{r}(t)-K(t)\underline{b}_3 z(t)$$

$$(5.14)$$

mit der Endbedingung

$$\underline{r}(T) = \underline{0} \ .$$

Das optimale Steuer- und Regelgesetz lautet schließlich:

$$u(t) = - (\beta+\underline{b}_2^T Q \underline{b}_2)^{-1} \left\{ \left[\underline{b}_2^T Q + \underline{b}^T K(t)\right] \underline{x}(t) + \underline{b}^T \underline{r}(t)\right\}.$$

$$(5.15)$$

5.3.3 Lösung der Riccatidifferentialgleichung

Für die Lösung der Gleichungen (5.13) und (5.14) ist von entscheidender Bedeutung, bis zu welchem Zeitpunkt T die Optimierung durchgeführt wird. Da für $T\rightarrow\infty$ von den stationären Werten der Gleichungen (5.13) und (5.14) ausgegangen werden kann, wird für große T, für die der eingeschwungene Zustand des betrachteten Systems angenommen werden kann, diese Lösung als gute Näherung angenommen.
Damit ergibt sich aus Gleichung (5.13) ein quadratisches Gleichungssystem:

$$K^*\left[\underline{b}(\beta+\underline{b}_2^T Q \underline{b}_2)^{-1} \underline{b}^T\right] K^* + K^*\left[\underline{b}(\beta+\underline{b}_2^T Q \underline{b}_2)^{-1} \underline{b}_2^T Q - A\right]$$

$$+ \left[Q \underline{b}_2(\beta+\underline{b}_2^T Q \underline{b}_2)^{-1} \underline{b}^T-A^T\right] K^*-Q+Q \underline{b}_2(\beta+\underline{b}_2^T Q \underline{b}_2)^{-1} \underline{b}_2^T Q = 0,$$

$$(5.16)$$

das bei "günstiger" Besetzung der Matrizen analytisch gelöst werden kann, Shubert /54/.
Im vorliegenden Fall ergeben sich sechs gekoppelte Gleichungen, die nur noch numerisch gelöst werden können. Dabei wird folgendermaßen vorgegangen (Bild 32):

- 78 -

Die algebraische Riccatigleichung wird z.B. mit einem der folgen-
den Verfahren gelöst:
- Macfarlane, Potter (Anderson und Moore /1/),
- Bucy und Joseph (Anderson und Moore /1/, hier verwendetes
  Verfahren),
- Kleinman /30/.

Anschließend werden der Vektor $\underline{r}^*(t)$ und über das optimale Regelgesetz die Gleichung des geschlossenen Regelkreises ermittelt.
Diese wird mit Hilfe der Eigenwerte und der Überführungsmatrix
gelöst. Eine ausführliche Darstellung dieser Vorgehensweise findet sich in Anhang 8.2.

Kann jedoch nicht davon ausgegangen werden, daß sich das System
zum Zeitpunkt T im stationären Zustand befindet, kann auch nicht
$\dot{K}(t) = 0$ gesetzt werden. Vor der Berechnung mit Hilfe eines numerischen Integrationsverfahrens (Runge-Kutta-Verfahren), müssen
die Gleichungen (5.13) und (5.14) umgeformt werden, damit aus
den gegebenen Endbedingungen Anfangsbedingungen werden. Mit der
Transformation $\tau = T-t$ ergeben sich folgende Gleichungen:

$$-\dot{K}(\tau) = K(\tau) \left[\underline{b}(\beta + \underline{b}_2^T Q \underline{b}_2)^{-1} \underline{b}_2^T Q - A \right] + \left[Q\underline{b}_2(\beta + \underline{b}_2^T Q\underline{b}_2)^{-1}\underline{b}^T - A^T \right] K(\tau)$$
$$+ K(\tau) \left[\underline{b}(\beta + \underline{b}_2^T Q \underline{b}_2)^{-1} \underline{b}^T \right] K(\tau) - Q + Q \underline{b}_2 (\beta + \underline{b}_2^T Q \underline{b}_2)^{-1} \underline{b}_2^T$$

$$(5.17)$$

und

$$- \dot{r}(\tau) = \left[Q \underline{b}_2 (\beta + \underline{b}_2^T Q \underline{b}_2)^{-1} \underline{b}^T - A^T \right] \underline{r}(\tau) +$$
$$K(\tau) \underline{b} (\beta + \underline{b}_2^T Q \underline{b}_2)^{-1} \underline{b}^T \underline{r}(\tau) - K(\tau) \underline{b}_3 z(\tau) \qquad (5.18)$$

und als Anfangsbedingungen:

$$K(0) = 0, \qquad \underline{r}(0) = 0 .$$

Die Ergebnisse der numerischen Integration der Gleichungen (5.17)
und (5.18) werden wieder zurücktransformiert und in die Gleichung
(5.15) eingesetzt.
Der Ablauf der numerischen Lösung für endliche Zeit ist in Bild 32
(linker Zweig) dargestellt.

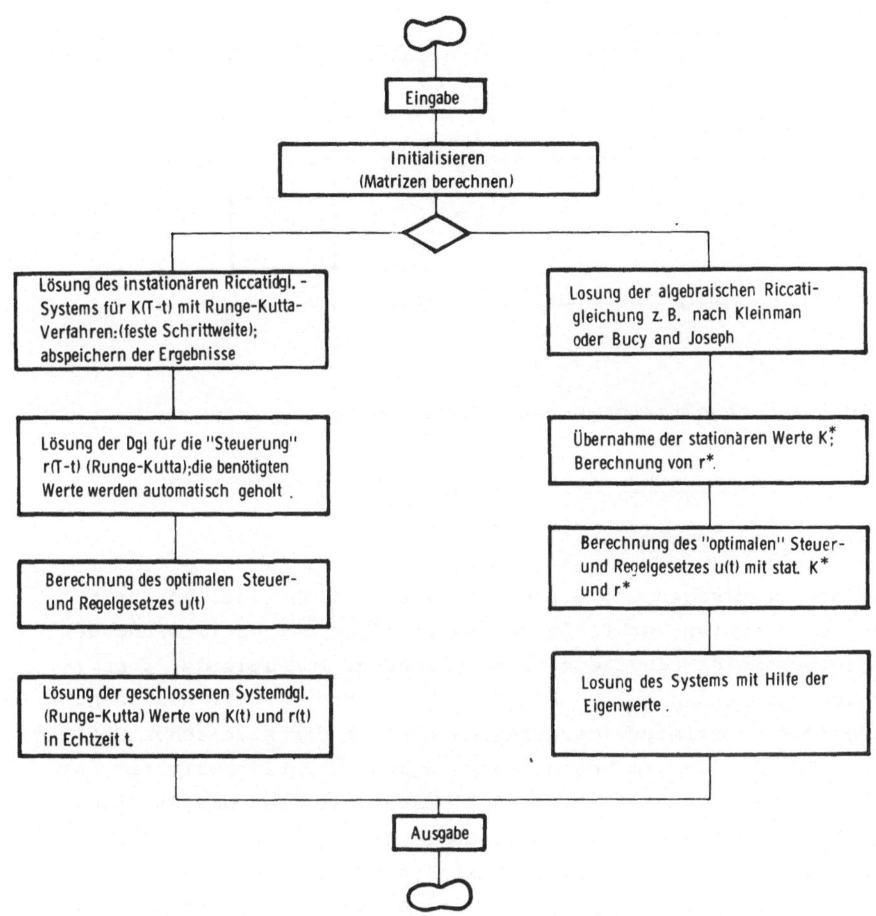

Bild 32: Numerische Lösung der Riccatidifferentialgleichung

Bild 33 zeigt das geregelte erweiterte Lagermodell.

Die Ergebnisse der Optimierung mit Hilfe der Hamiltonfunktion werden zusammen mit den Ergebnissen der numerischen Optimierung in Abschnitt 5.5.2 gezeigt.

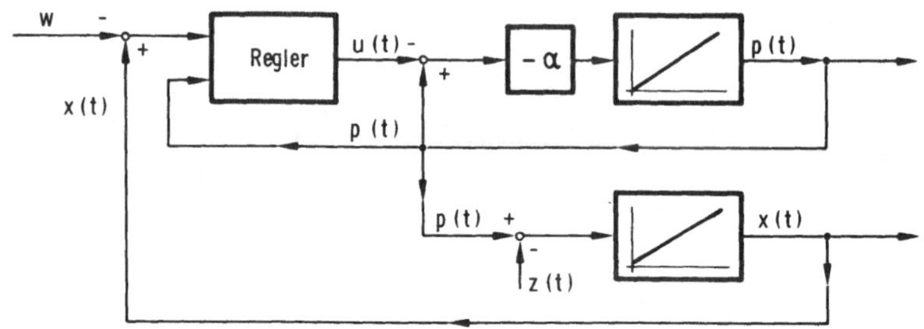

Bild 33: Geregeltes erweiteres Lagermodell

5.4 Optimierung mit Hilfe der direkten Suchverfahren

5.4.1 Problemstellung

Bei der statischen Optimierung zeigte es sich (vgl. Abschnitt 4),
daß die direkten Suchverfahren unmittelbar zur Optimierung der
Reglerparameter eingesetzt werden können. Im Falle der dynamischen Optimierung gelten ähnliche Argumente für die Anwendung
numerischer Optimierungsverfahren wie bei der statischen Optimierung. Treten z.B. im betrachteten System Nichtlinearitäten auf,
oder ist die Steuerfunktion u(t) beschränkt, ist die Hamiltonfunktion nicht anwendbar. Auch das Ausweichen auf eine Diskreti-
sierung des Systems bezüglich der Systemzustände und der Zeit,
und die dann mögliche Anwendung des Belmanschen Verfahrens (vgl.
Belman /7/ und Pun /49/) der dynamischen Programmierung, versagt aus Gründen des Rechenaufwandes bei großen Systemen.
Die direkte Anwendung der numerischen Optimierungsverfahren auf
das dynamische Problem ist jedoch nicht möglich, da eine optimale Steuerfunktion u(t) gesucht ist, die Verfahren aber nur Parameterwerte optimieren können. Zur Lösung dieses Problems wird
der im Prinzip zur Diskussion stehende Regler "vorstrukturiert",
indem für die Steuerfunktion u(t) eine Klasse von Funktionen
ausgewählt wird. Die Steuerfunktion wird also in eine Reihe
entwickelt und die Koeffizienten der Reihe können dann von den
numerischen Suchverfahren optimiert werden. Ein Vorteil ist da-

bei die Berücksichtigung von Beschränkungen durch den Suchal-
gorithmus (vgl. Abschnitt 3.4).

5.4.2 <u>Approximation der Steuergröße durch ein Polynom</u>

Wegen ihrer guten Konvergenzeigenschaften und ihrer leichten
rekursiven Berechnung werden bei Approximationsproblemen häufig
Tschebyscheff-Polynome gewählt, Jacob /29/ und Mainardus /37/.
Die allgemeine Formel lautet:

$$g(v) = \cos (n \ \text{arc} \ \cos v) \qquad (5.19)$$

mit $n \geq 1$ und $|v| \leq 1$

und als Polynom:

$$g(v) = \sum_{i=0}^{n} a_i \ T_i(v) \qquad (5.20)$$

mit $|v| \leq 1$ und $T_O(v) = 1$.
Die Optimierungsaufgabe besteht nun darin, mit Hilfe der direk-
ten Suchverfahren die Koeffizienten a_i der Tschebyscheff-Polyno-
me T_i so zu variieren, daß die Funktion (5.20) das vorgegebene
Gütefunktional zu einem Minimum macht.
Da die Reihenentwicklung in der Variablen v beschränkt ist, muß
für u(t) eine Normierung auf den Definitionsbereich erfolgen.
Mit

$$v_N = 2 \ \frac{t-t_O}{T-t_O} - 1 \qquad (5.21)$$

ergibt sich für die Rekursionsformel der Tschebyscheff-Polynome
$T_i(t)$:

$$
\begin{aligned}
T_O &= 1 \ , \\
T_1(t) &= v_N \ , \\
&\vdots \\
T_{i+1}(t) &= 2 \ v_N \ T_i(t) - T_{i-1}(t), \quad i = 1,2,\ldots,n. \qquad (5.22)
\end{aligned}
$$

Ebenfalls häufig bei Approximationsaufgaben eingesetzt werden
die Legendre-Polynome, Bronstein, Semendjajev /10/. Mit der Normierung (5.21) ergibt sich folgende Rekursionsformel für die
Legendre-Polynome:

$$L_0 \quad = 1 \; ,$$
$$L_1(t) = v_N \; ,$$
$$\vdots$$
$$(i+1)\, L_{i+1}(t) = (2i+1)\, v_N\, L_i(t) - i L_{i-1}(t), \quad i = 1,2,\ldots n$$

$$(5.23)$$

und die der Gleichung (5.20) entsprechende Formel lautet:

$$g(v) = \sum_{i=0}^{n} b_i\, L_i \; . \qquad (5.24)$$

Um festzustellen wie gut die beiden Polynomarten die voraussicht-
liche Funktion u(t) approximieren und welche Rolle dabei der Polynomgrad spielt, wird ein einfacher Test durchgeführt.
Zur Approximation von Kundennachfrageverläufen, die in der Praxis in Form von diskreten Werten vorliegen, werden in der Literatur, Oertli /45/, häufig logistische Funktionen verwendet.
Da bei optimaler Produktions- und Lagersteuerung die entsprechen-
den Größen (z.B. die Produktionsrate bzw. der Lagereingang) einen
ähnlichen Verlauf haben, wird angenommen, daß sie ebenfalls durch
logistische Funktionen angenähert werden können. Zur Erzeugung
der o.g. diskreten Werte werden deshalb 12 äquidistante Punkte
der folgenden aus einer Parabel und einer e-Funktion zusammen-
gesetzten Testfunktion verwendet:

$$y = \begin{cases} a(t-10)^2 + 10 & \text{für } t \leq 10 \; , \\[2ex] 100\, \dfrac{1}{1+e^{\,b - \frac{2b}{T}\,(t-10)}} & \text{für } t > 10 \quad \text{mit } b = \ln 9 \; . \end{cases} \qquad (5.25)$$

Die Optimierungsaufgabe besteht nun darin, die Koeffizienten a_i
bzw. b_i so zu wählen, daß die Summe der Abstandsquadrate an den
gegebenen Punkten minimal wird.
Bild 34 zeigt die Approximation mit Legendre-Polynomen vom
Grad 2, 4 und 7.

Schon mit einem Polynom 4. Grades wird eine gute Näherung an
die Testkurve erreicht.

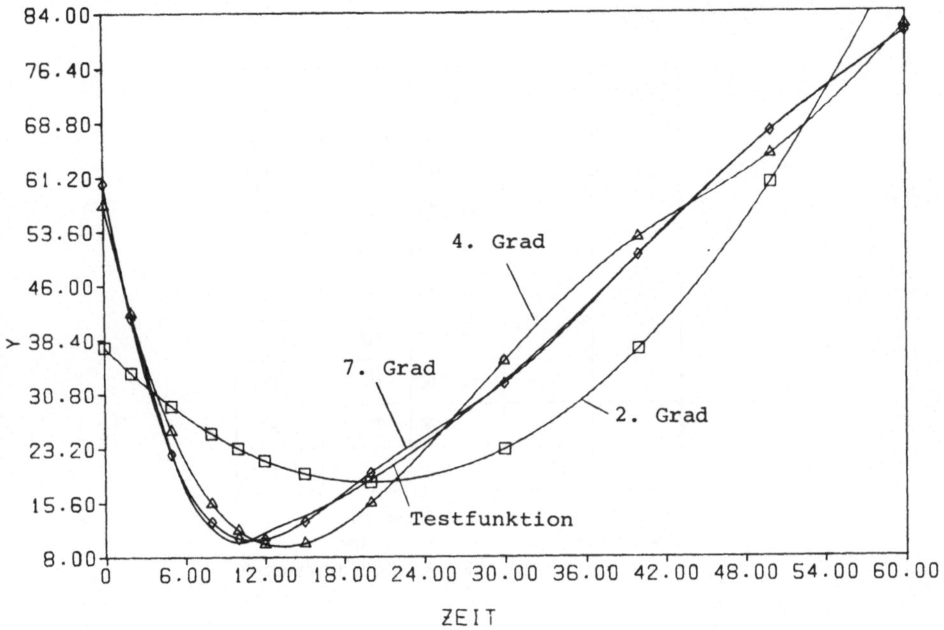

Bild 34: Approximation der Testfunktion mit Legendre-Polynomen

Der folgenden Tabelle (Bild 35) ist zu entnehmen, daß zwischen
den Werten für die Tschebyscheff- und die Legendre-Approximation
keine für das vorliegende Problem signifikanten Unterschiede
festzustellen sind, so daß beide gleichermaßen zur Annäherung
der optimalen Steuer- und Regelfunktion verwendet werden können.
Die folgenden Beispiele sind mit Tschebyscheff-Polynomen gerechnet.

Polynom-grad	Polynom-art	J	NF	CPT
2	T	1561. 1253	86	0. 25
2	L	1561. 1257	77	0. 23
4	T	87. 2824	185	0. 69
4	L	87. 2784	141	0. 56
7	T	4. 1707	247	1. 28
7	L	4. 1700	342	1. 75
9	T	2. 7484	242	1. 56
9	L	2. 4083	212	1. 30

T . Tschebyscheff-Polynom   CPT : Rechenzeit [1]
L : Legendre - Polynom   J   : Gütefunktion
                        NF   : Anzahl Funktionsaufrufe

Bild 35: Vergleich zwischen Tschebyscheff- und Legendre-
Approximation

5.4.3   Rechenablauf bei der numerischen Optimierung

Nach der Anpassung der Optimierungsaufgabe an die Optimierungsverfahren ergibt sich folgender Rechenablauf (Bild 36). Nach der
allgemeinen Eingabe, der Adreßrechnung und dem Setzen der Matrizen wird ein Optimierungsalgorithmus (REFLEX, PAMIRO, EXTREM,
RAZOR) ausgewählt. Anschließend werden die spezifischen Daten
des jeweiligen Algorithmus eingelesen, eine Adreßrechnung
durchgeführt und der Optimierungsvorgang gestartet. Abschließend
erfolgt die Ausgabe der interessierenden Modellgrößen.
Der Optimierungsvorgang läuft dabei folgendermaßen ab (Bild 37):
Nach der Übernahme der Anfangswerte für Parameter und Abbruchkriterien wird der Suchvorgang gestartet. Ausgehend von einer
Anfangsschätzung für die Steuer- und Regelfunktion $u(t)^{(0)}$ wird
folgender Zyklus durchlaufen: Berechnung der Steuerfunktion
$u(t)$, Integration der Systemdifferentialgleichungen, Bestimmung
der Gütefunktion $J(\underline{x})$, Prüfen ob Begrenzungen verletzt sind,

1) Die Rechenzeit ist in Sekunden angegeben.

Variation der a_i bzw. b_i der Tschebyscheff- bzw. Legendre-Polynome in der Steuerfunktion $u(t)$ so daß gilt:

$$J(u^{(k+1)}, \underline{x}, t) < J(u^{(k)}, \underline{x}, t). \qquad (5.26)$$

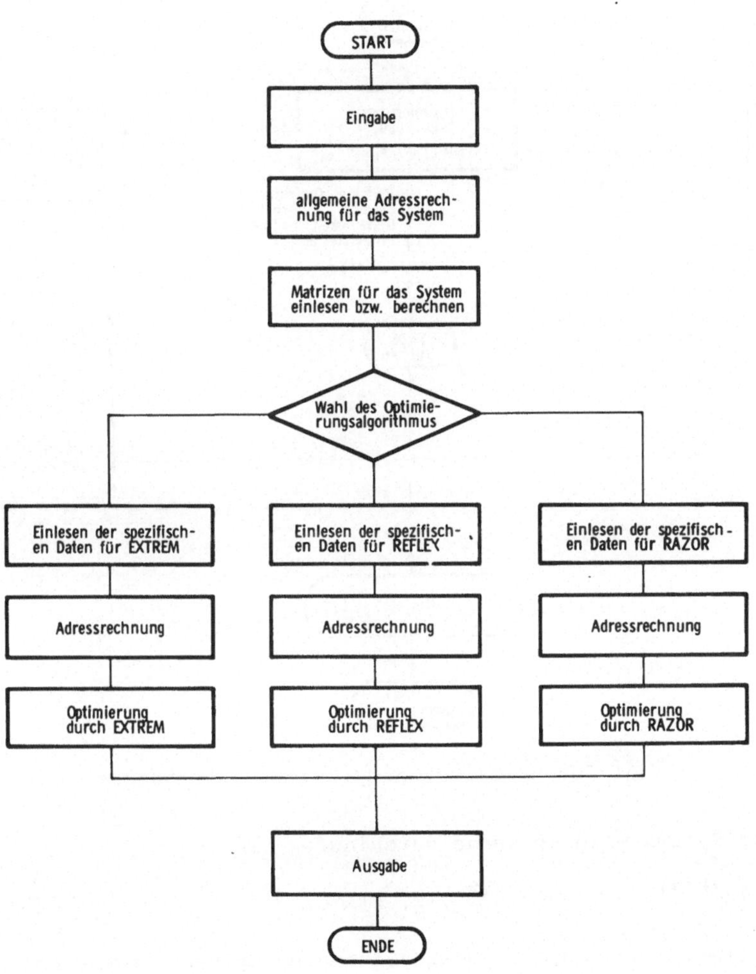

Bild 36: Rechenablauf der numerischen Optimierung

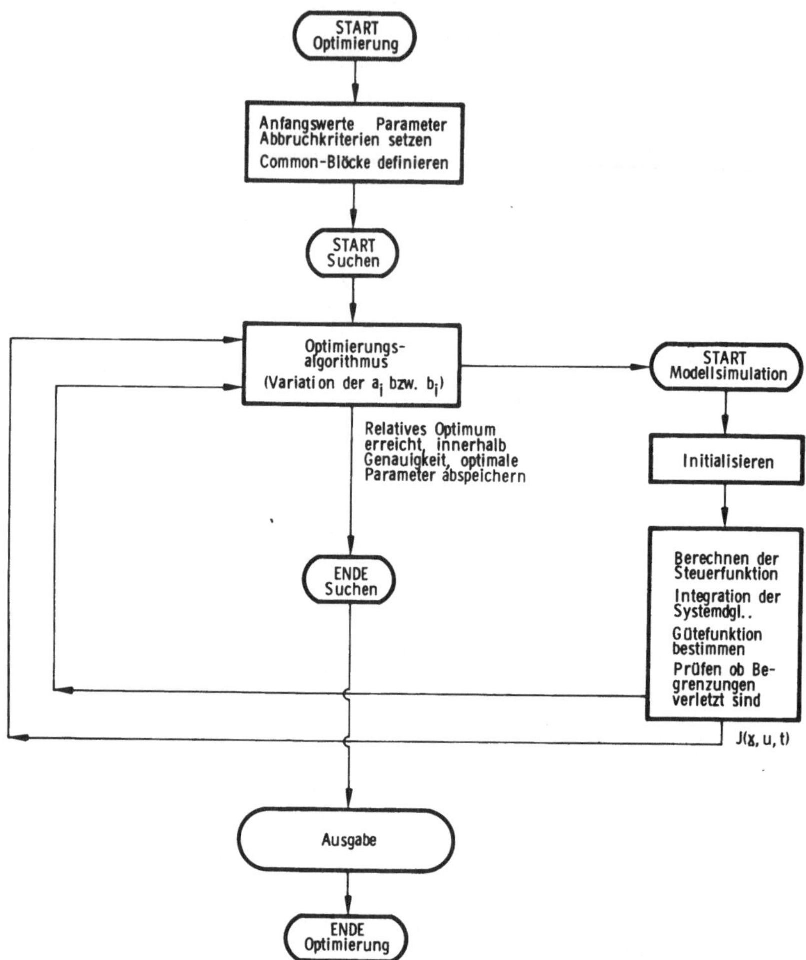

Bild 37: Ablauf des numerischen Optimierungsvorganges

Dieser Zyklus wird so lange durchlaufen bis gilt:

$$J(u^{(k+1)}, \underline{x}, t) - J(u^{(k)}, \underline{x}, t) < \varepsilon. \qquad (5.27)$$

Anschließend werden die interessierenden Größen ausgegeben.

5.5   Vergleich der Optimierungsverfahren

5.5.1   Das Verhalten des Lagermodells

Zum besseren Verständnis der beiden folgenden Kapitel soll hier
das Verhalten des erweiterten Lagermodells nach Bild 33 kurz
erläutert werden (Bild 38).

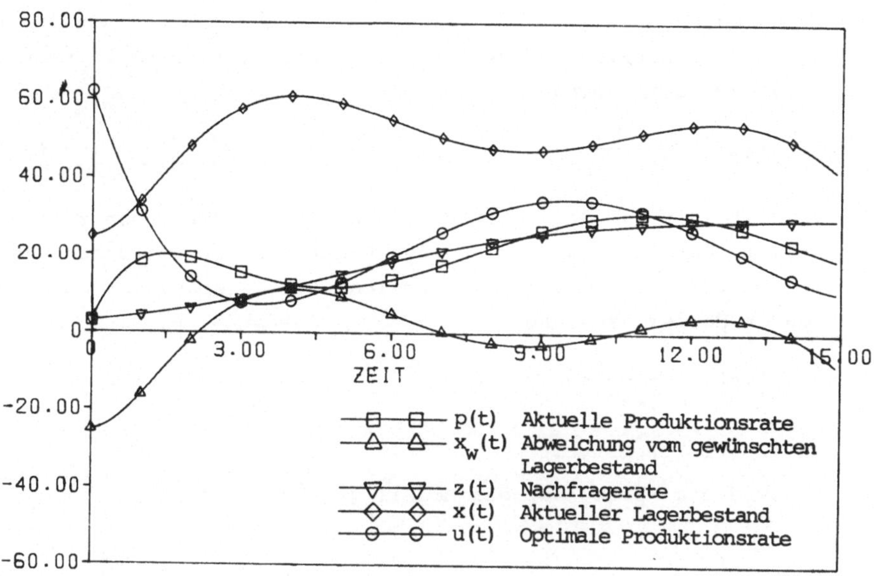

Bild 38: Verhalten des Lagermodells (Bewertungsstrategie 4 in
       Bild 40), Optimierung mit EXTREM

Die den Wert der Gütefunktion bestimmenden und zugleich beein-
flußbaren Größen sind die Zeitverzögerung $\bar{a}$, die Gewichtungsfaktoren β und q_1 , q_2 , q_3 sowie der zeitliche Verlauf der
Nachfrage $z(t)$. Außerdem wirken sich der Lageranfangsbestand x_0
und die Produktionsanfangsrate p_0 auf den Gütefunktionswert aus.
Mit der Wahl von $\bar{a} = 0,5$ wird eine verzögerte Anpassung der aktuellen an die optimale Produktionsrate erreicht.
Unter den vielen möglichen Bewertungsstrategien sind zwei besonders interessant, weil für die Praxis relevant:

- Der Faktor β wird relativ zu Q groß gewählt. Damit wird eine geringe, d.h. "kostengünstige", optimale Produktionsrate u(t) erreicht. Relativ zur zweiten Strategie größere Abweichungen vom Sollagerbestand werden dabei in Kauf genommen.

- Die Größe q_2 wird relativ zu q_1 , q_3 und β groß gewählt. Diese Strategie legt den Schwerpunkt auf eine möglichst kleine Abweichung des Aktuellen Lagerbestandes vom Sollagerbestand.

Als zeitlicher Verlauf der Nachfrage z(t) wird eine logistische Kurve mit der Gleichung:

$$z(t) = \frac{z(T)}{1+a^{1-t/b}} \tag{5.28}$$

gewählt. Mit dem Parameter a wird der Anfangswert von z(t) bestimmt. Der Parameter b legt den Punkt auf der Zeitachse fest, in dem z(T) den Wert z(t)/2 erreicht. Im Beispiel wird mit folgender Formel gerechnet:

$$z(t) = \frac{30}{1+9^{1-t/5}} \cdot$$

Durch den Anfangslagerbestand x_O und die Anfangsproduktionsrate p_O wird ein Sprung auf das Modell gegeben.

5.5.2   <u>Qualitativer Vergleich von numerischer und analytischer Optimierung</u>

Der qualitative Vergleich von numerischer und analytischer Optimierung soll zeigen, daß die numerischen Verfahren ganz allgemein in der Lage sind, eine Steuerung bzw. Regelung für das System (5.5) zu ermitteln, die von gleicher Qualität ist, wie die mit den analytischen Verfahren errechnete.
Bild 39 zeigt die für die Beurteilung wichtigen Modellgrößen

- optimale Produktionsrate u(t) und
- Abweichung vom gewünschten Lagerbestand $x_w(t)$.

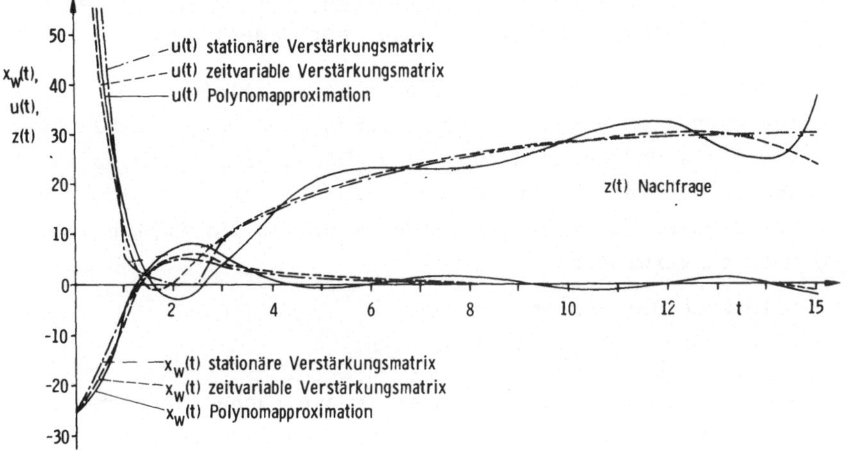

Bild 39: Qualitativer Vergleich von numerischen und analytischen Optimierungsverfahren

Die Kurven zeigen, daß zwischen der analytischen Optimierung
für endliche Zeit und für die Optimierung mit stationärem K*
kein wesentlicher Unterschied besteht. Die Optimierung mit Poly-
nomapproximation schwingt dagegen etwas um die Kurven der analytischen Lösungen. Durch eine Erhöhung des Polynomgrades kann
dieser Effekt zu Lasten der benötigten Rechenzeit jedoch weiter
reduziert werden.
Die numerische Optimierung schneidet also bezüglich der Qualität
der errechneten Werte gut ab und auch die Rechenzeit ist durchaus
vergleichbar mit der der analytischen Verfahren. Das Rechenzeit-
verhältnis von analytisch-stationärer Optimierung, analytischer
Optimierung in endlicher Zeit und numerischer Optimierung ist
etwa 1 : 1,5 : 2.

5.5.3 Sensivität der numerischen Optimierungsverfahren bezüglich der Variation der Modellgrößen

Da über die direkten Suchverfahren keine allgemeingültigen Konvergenzaussagen gemacht werden können, Voß /60/, muß das jeweils geeignetste Verfahren direkt am zu lösenden Problem ermittelt werden. Dazu ist ein Kriterium notwendig, mit dem eine Bewertung der Verfahren durchgeführt werden kann. Es ist üblich, dazu zwei Größen zu verwenden:

- die Güte der Konvergenz und
- die Schnelligkeit der Konvergenz.

Die Güte der Konvergenz ist hier in zweifacher Hinsicht interessant. Einmal muß untersucht werden, ob eine Konvergenz zum "richtigen" Optimum stattfindet, oder ob der Algorithmus in einem Nebenminimum "hängenbleibt". Dies wird festgestellt, indem die Optimierung für verschiedene Anfangswerte der Polynomparameter a_i durchgeführt wird. Anschließend wird geprüft, ob jeweils eine Konvergenz zum gleichen Optimum stattfindet. Liegen mehrere Optima vor, so wird im Falle einer Minimierung das betragsmäßig kleinste als Gesamtoptimum angenommen. Wenn eine richtige Konvergenz stattfindet, dann ist wichtig, wie genau das Optimum erreicht wird.

Konvergiert der Algorithmus zum richtigen Optimum und wird dieses bei beliebig langer Rechenzeit beliebig genau erreicht, so bieten sich für den Verfahrensvergleich zwei Vorgehensweisen an:

- Vergleich der Zeit, in der eine vorgegebene Genauigkeitsschranke erreicht wird, oder
- Vergleich der erreichten Zielfunktionswerte, die in einer festgelegten Zeit erreicht werden.

Da es schwieriger ist, plausible Gründe für die Festlegung einer oberen Rechenzeitschranke anzugeben, wird zur Beurteilung die erste Vorgehensweise gewählt. Dabei sind alle Algorithmen mit einem doppelten Abbruchkriterium versehen:

- Unterschreiten einer Schranke ε_1 für das Gütekriterium,
- Unterschreiten einer Schranke ε_2 für die Schrittweite, wobei gilt $\varepsilon_1 = \varepsilon_2 = 10^{-1}$.

Kleine Unterschiede ergeben sich durch unterschiedliche Anwendung der Kriterien, so wird einmal abgebrochen, wenn beide Kriterien erfüllt sind (PAMIRO, RAZOR), während ein anderesmal (EXTREM) die Suche bei der Erfüllung nur eines Kriterium beendet wird.

Durch diese kleinen Abweichungen in der Anwendung der Abbruchkriterien werden jedoch nur geringfügige Unterschiede in den erreichten Gütefunktionswerten verursacht. Klar ersichtlich ist das aus den Gütefunktionswerten der folgenden Tabellen (Bild 40, 42, 43, 46). Lediglich der Simplex-Algorithmus zeigt zum Teil größere Abweichungen, weil er bei mehrmaliger Simplex-Schrumpfung und bei stagnierendem Gütefunktionswert die Suche abbricht und so einige Male nicht denselben Gütefunktionswert wie die anderen Verfahren erreicht.

Das Programm EXTREM erreicht die geforderte Gütefunktionsgenauigkeit mit einem um den Faktor 10 größeren ε_1 als die übrigen Verfahren.

Bisher wurde nur die Rechenzeit als Maß für die Konvergenzgeschwindigkeit genannt. Zwei Gründe sprechen jedoch gegen ihre ausschließliche Anwendung:

- Die Rechenzeit ist stark von der benutzten Rechenanlage abhängig[1],
- und sie ist vom jeweiligen Testmodell abhängig.

Besonders das zweite Argument empfiehlt die Wahl einer anderen Maßgröße. Bei relativ kleinen Simulationsmodellen - wie dem vorliegenden - spielt die Zeit, die für den eigentlichen Suchvorgang und für die Berechnung der Polynome benötigt wird, noch eine Rolle, da die Zeit pro Simulation klein ist. Je größer das Simulationsmodell, desto einflußreicher wird die Zeit für die Simulation. Eine Größe, die dieser Tatsache Rechnung trägt, ist die Anzahl der Funktionsaufrufe (NF). Während eines Funktionsaufrufes werden die Modellgleichungen über die gesamte Simulationszeit T aufintegriert.

Als zusätzliche Größe zur Beurteilung der Konvergenzgeschwindigkeit ist neben der Anzahl der Funktionsaufrufe NF und der Re-

---

1) Sämtliche Beispiele sind auf einer CDC 6600 bzw. CYBER 174 gerechnet. Die Rechenzeit ist in Sekunden angegeben.

chenzeit noch die durchschnittliche Rechenzeit pro Funktionsaufruf angegeben.

Um die Optimierungslagorithmen unter möglichst vielseitigen Bedingungen testen zu können, werden folgende Größen variiert:

a) Bewertungsfaktoren,

b) Anfangswerte für die Parameter a_i[1] der Tschebyscheff-Polynome,

c) Nachfrageverlauf,

d) Polynomgrad.

Zusätzlich werden, außer bei der Variation der Bewertungsfaktoren, zwei verschiedene Anfangslagerbestände durchgerechnet.

a) <u>Variation der Bewertungsfaktoren</u>

Bild 40 zeigt den Vergleich der Optimierungsverfahren hinsichtlich der Variation der Bewertungsfaktoren.

Im Kopf der Tabelle sind, dies gilt auch für die folgenden Bilder, die für alle Verfahren geltenden Größen genannt. Neben den Werten für die vier numerischen Verfahren sind noch die Gütefunktionswerte der analytischen Verfahren (mit stationärem K^* und mit zeitvariablem $K(t)$) genannt, wobei für stationäres K^* die Integration der Systemgleichungen mit dem Euler-Cauchy-Verfahren durchgeführt wird.

Bei der Bewertungsstrategie 2 erreichen alle außer dem Simplex-Verfahren (REFLEX) das Funktionsminimum am schnellsten. Die größten Schwierigkeiten bereitet Strategie 3 (vgl. Kap. 5.5.1), wobei insgesamt das Programm EXTREM von Jacob die wenigsten und das Programm PAMIRO die meisten Funktionsaufrufe benötigt. Der Vergleich der Funktionsaufrufe für die beiden genannten Strategien zeigt, daß die Bewertung einen großen Einfluß auf die Konvergenzgeschwindigkeit hat. Was die Qualität der Ergebnisse anbelangt, zeigt ein Vergleich mit den Funktionswerten des analytischen Verfahrens mit zeitvariablem $K(t)$, daß außer dem Simplex-Verfahren, es bricht die Suche zu früh ab, alle anderen

---

1) Da üblicherweise a_i konstante Parameter bezeichnen, im vorliegenden Fall diese Parameter jedoch als Variablen aufzufassen sind, die im Optimierungsalgorithmus verändert werden, werden sie im folgenden mit $\bar{s}_i$ bezeichnet.

Nachfrage	NF...Zahl der Funktionsaufrufe J...Wert der Gütefunktion CPT...Rechenzeit TF=CPT/NF STARTWERTE $\bar{s}_1=10$, $\bar{s}_2=\ldots=\bar{s}_5=1$						
	Numerische Verfahren					Analytische Verfahren	
Stra- tegie	Bewertungs- faktoren β q_1 q_2 q_3	$\varnothing$TF	RAZOR 0,06523	PAMIRO 0,06320	EXTREM 0,07779	REFLEX 0,08285	In endlicher Zeit T	P-Regler mit stationärem K^*
1	1 1 1 1	NF J CPT	709 10795,72 50	4831 10795,3 272	256 10795,8 20	532 10977,2 49	10690,2	13229,5
2	10 1 1 1	NF J CPT	540 41238,5 40	466 41238,5 16	181 41239,3 15	407 41238,6 31	41060,0	71635,9
3	1 1 10 1	NF J CPT	1375 18679,5 70	nach NF=5422 noch kein Minimum gef.	676 18680,7 45	396 20436,2 31	18556,0	19885,2
4	0,1 1 10 1	NF J CPT	1345 12486,0 100	4501 13169,4 275	496 12513,4 37	357 13993,6 29	12163,2	12287,4

Bild 40: Vergleich der Optimierungsverfahren bei der Variation der Bewertungsfaktoren

Verfahren gute Werte erreichen.

Das mit der Strategie 2 erreichte Verhalten (Optimierung mit
(EXTREM)) des Lagermodells im Vergleich zu Strategie 3 (Bild 48)
geht aus Bild 41 hervor.

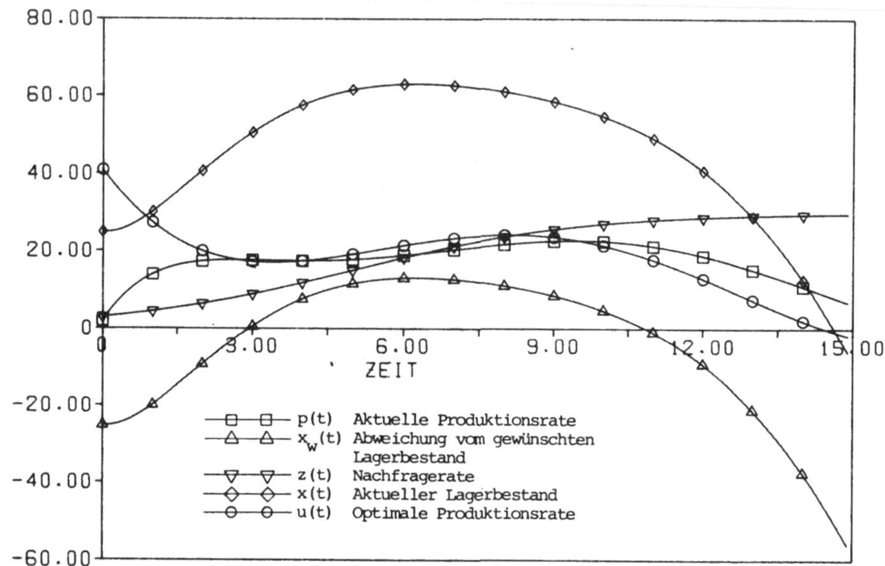

Bild 41: Verhalten des Lagermodells bei Bewertungsstrategie 2

b) Variation der Anfangswerte für die Parameter der Tschebyscheff-Polynome

Entgegen den Möglichkeiten bei der Variation der Bewertungsfaktoren, vom Standpunkt der Lagerhaltung gesehen, sinnvolle Strategien auszuwählen, kann hier nur eine formale Variation vorgenommen werden. Damit soll nicht eine besonders günstige Konstel-
lation der Anfangswerte gefunden, sonder die Sensititivität der
Optimierung bezüglich der Anfangswerte festgestellt werden. Die
Ergebnisse (Bild 42) zeigen außer bei PAMIRO keine signifikante
Abhängigkeit zwischen Anfangswerten und der Anzahl von Funktionsaufrufen.

Dagegen ist eine deutliche Reaktion der Verfahren auf den Anfangslagerbestand festzustellen. Der Anfangslagerbestand $x_0 = 0$

Nachfrage	Bewertungsfaktoren $\beta = 10, q_1 = q_2 = q_3 = 1$	NF . Zahl der Funktionsaufrufe J ... Wert der Gütefunktion CPT... Rechenzeit TF=CPT/NF

			Numerische Verfahren				Analytische Verfahren	
Anfangs-lager-bestand	Startwerte		PAMIRO	RAZOR	EXTREM	REFLEX	In endlicher Zeit T	P-Regler mit stationärem K *
		$\varnothing$TF	0,06802	0,07339	0,07927	0,09372		
25	$\xi_1 = 10$ $\xi_2 = .. = \xi_5 = 1$	NF J CPT	466 41238,5 33	540 41238,5 40	181 41239,4 16	407 41238,6 31	41060,0	71635,9
25	$\xi_1 = .. = \xi_5 = 0$	NF J CPT	2506 41238,7 176	512 41238,5 39	226 41240,1 19	204 48173,3 24		
25	$\xi_1 = .. = \xi_5 = 50$	NF J CPT	1216 41238,6 86	523 41238,5 39	256 41238,7 20	104 41238,7 19		
0	$\xi_1 = 10$ $\xi_2 = .. = \xi_5 = 1$	NF J CPT	4216 95460,5 41	331 95462,7 25	331 95462,4 25	392 95881,5 32	95822,2	123662,0
0	$\xi_1 = .. = \xi_5 = 0$	NF J CPT	2611 95460,6 183	548 95460,7 19	226 95460,7 19	305 103914,0 26		
0	$\xi_1 = .. = \xi_5 = 50$	NF J CPT	4936 95460,7 349	652 95460,5 47	331 95462,4 25	158 95461,1 17		

Bild 42: Variation der Startwerte

erzeugt in Verbindung mit der Nachfrage zum Zeitpunkt t_0 ($z(t_0) = 50$) eine stärkere Systemanregung als $x_0 = 25$. Die dadurch auftretenden größeren Schwankungen sind für die Optimierungsverfahren schwieriger auszuregeln. Insgesamt schneidet auch hier das Programm EXTREM am besten ab.

Um das Programm PAMIRO bei den folgenden Vergleichen nicht durch eine schlechte Anfangswertkonstellation zu benachteiligen, wird hier immer mit $\bar{s}_1 = 10$, $\bar{s}_2 = \ldots = \bar{s}_5 = 1$ gerechnet. Die übrigen Verfahren gehen von $\bar{s}_1 = \ldots \bar{s}_5 = 0$ aus.

c) <u>Variation des Nachfrageverlaufs</u>

Grundlage für den Nachfrageverlauf ist in allen Fällen die Kurve (5.28). Die Variante I geht aus ihr durch Überlagerung eines negativen Sprunges hervor, in dem ab dem Zeitpunkt $T/2$ nur der halbe Funktionswert von (5.28) angenommen wird. Die Variante II setzt zum Zeitpunkt $T/2$ die Nachfrage auf das Doppelte der ursprünglichen herauf (vgl. die Bilder 44 und 45).

Die Ergebnisse (Bild 43) weisen keine größeren Unterschiede, mit Ausnahme des Programms PAMIRO, hinsichtlich der Anzahl der Funktionsaufrufe bei den Nachfragevarianten auf.

Auch hier findet das Programm EXTREM das Optimum mit der kleinsten und das Programm PAMIRO mit der größten Anzahl von Funktionsaufrufen. Einen Eindruck von den Auswirkungen der Nachfragevarianten auf den zeitlichen Verlauf der Modellgrößen geben die Bilder 44 und 45.

Im ersten Fall führt der Nachfrageeinbruch zu insgesamt günstigeren Gütefunktionswerten, da der anfängliche Nachfragesprung dadurch gemindert wird. Die Nachfragevariante II weist dagegen etwas schlechtere Gütefunktionswerte auf, da der Sprung bei $T/2$ größere Werte für $u(t)$ fordert.

d) <u>Variation des Polynomgrades</u>

Durch die Variation des Polynomgrades soll geklärt werden, in welchem Umfang die Genauigkeit mit zunehmendem Polynomgrad zunimmt, d.h. um wieviel der Gütefunktionswert abnimmt, und wie im Vergleich dazu der Aufwand, also die Anzahl der Funktionsaufrufe, zunimmt. Bild 46 zeigt die Ergebnisse für die Polynomgrade 2, 4 und 7.

Bewertungsfaktoren
$\beta = 10$, $a_1 = a_2 = a_3 = 1$

NF.. Zahl der Funktionsaufrufe
J ... Wert der Gütefunktion
CPT.. Rechenzeit

TF = CPT/NF

Anfangs lager-bestand	Verlauf der Nachfrage-rate		Numerische Verfahren				Analytische Verfahren	
			PAMIRO	RAZOR	EXTREM	REFLEX	In endlicher Zeit T	P-Regler mit stationärem K^*
		$\emptyset$TF	0,07396	0,06979	0,07794	0,09104		
25		NF J CPT	466 41238,5 33	512 41238,5 39	226 41240,1 19	204 48173,3 24	41060,0	71635,9
25		NF J CPT	2101 33702,6 149	375 33702,5 22	226 33703,1 19	432 33744,9 35	33954,4	41108,2
25		NF J CPT	2326 75379,5 192	419 75379,4 33	421 75379,3 30	218 83443,1 21	73131,0	228528,0
0		NF J CPT	4216 95460,7 237	548 95460,5 39	226 95460,7 19	305 103914,0 26	95822,2	123662,0
0		NF J CPT	2356 91005,0 169	463 91005,2 34	301 91005,6 23	660 98916,7 54	91637,6	97569,0
0		NF J CPT	1501 123440,5 125	476 123440,3 37	481 123440,3 34	354 143249,0 29	122051,0	271685,0

Bild 43: Variation des Nachfrageverlaufs

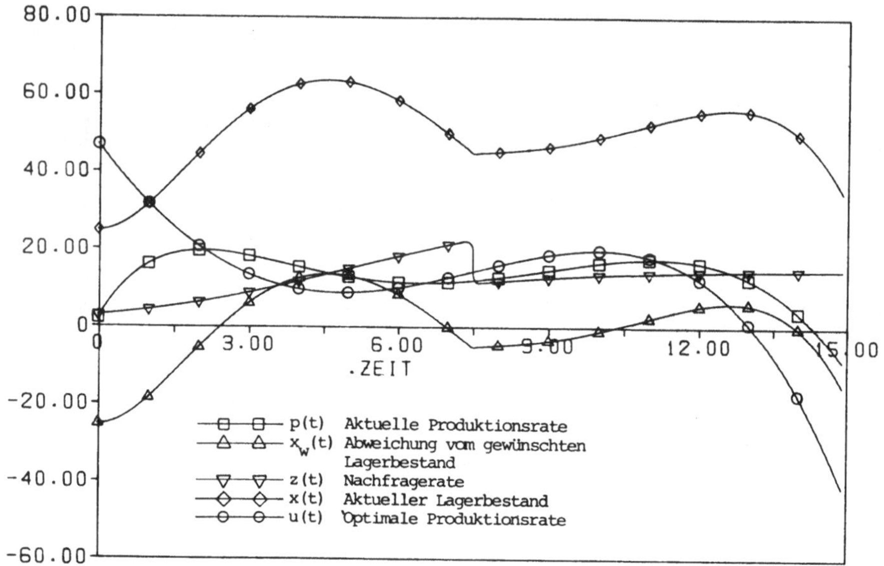

Bild 44: Nachfragevariante I

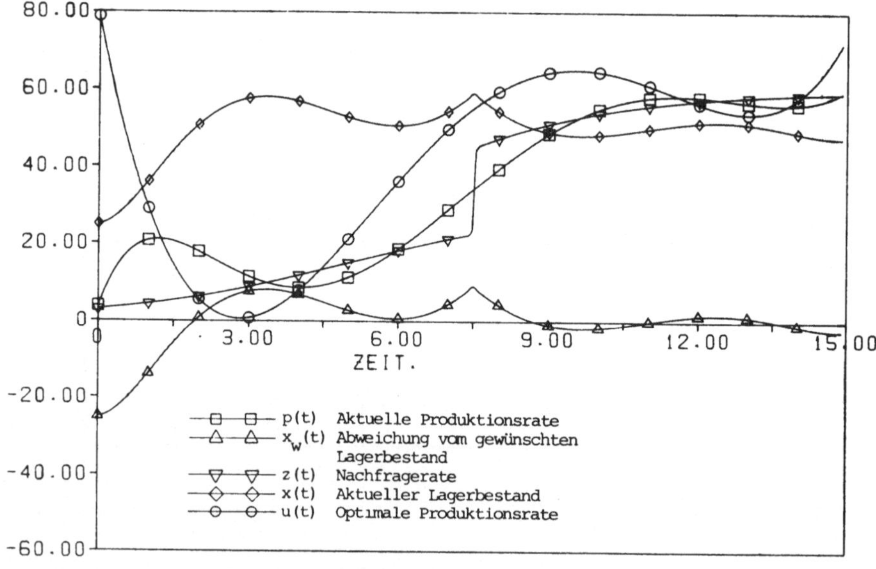

Bild 45: Nachfragevariante II

		Bewertungsfaktoren $\beta = 10$, $q_1 = q_2 = q_3 = 1$	NF... Zahl der Funktionsaufrufe J ... Wert der Gütefunktion CPT.. Rechenzeit TF=CPT/NF ζ_i... Variablenwerte			
Anfangs-lager-bestand	Grad des Polynoms	$\varnothing$ TF	PAMIRO 0,06466	RAZOR 0,07359	EXTREM 0,1134	REFLEX 0,11148
25	2	NF J CPT ζ_i	739 41636,2 52 15,23; -17,24; 4,57	204 41636,2 15 15,21; -17,28; 4,55	208 41636,2 17 15,22; -17,26; 4,55	139 42822,6 16 17,72 -13,56 7,89
25	4	NF J CPT ζ_i	466 41238,5 33 15,43; -18,81; 4,89 -2,68; 1,09	512 41238,5 39 15,44; -18,81; 4,90 -2,70; 1,10	226 41240,1 19 15,41; -18,88; 4,81 -2,83; 0,97	204 48173,3 24 20,13; -6,87; 8,19; 2,65; 0,0
25	7	NF J CPT ζ_i	4033 41231,5 283 15,45; -18.68; 4,94; -2,53 1,13; 0,37; -0,06; -0,003	1021 41231,2 77 15,42; -18,69; 4,86; -2,54; 1,04; 0,36; -0,11; -0,02	505 41232,1 41 15,43; -18.58; 4,89; -2,36; 1,09; 0,46; -0,09; 0,012	570 52364,0 58 16,92; -5,5; 0,0; 5,23; -5,75; 6,69; -6,21; 5,0
0	2	NF J CPT ζ_i	1072 97309,0 60 21,01; -27,38; 13,97	303 97308,9 22 21,03; -27,36; 14,01	127 97308,9 13 21,03; -27,36; 13,99	205 97309,1 16 20,99; -27,42; 13,99
0	4	NF J CPT ζ_i	4216 95460,7 38 21,22; -30,87; 14,03 -6,12; 1,16	548 95460,5 39 21,27; -30,83; 14,11 -6,15; 1,22	226 95460,7 19 21,27; -30,86; 14,13 -6,14; 1,27	392 95881,5 32 21,64; -28,69; 14,95 -3,27; 1,45
0	7	NF J CPT ζ_i	2641 95443,3 149 21,23; -30,58; 14,03; -5,77; 1,14; 0,65; -0,14; 0,0005	609 95443,1 44 21,24; -30,65; 14,02; -5,90; 1,13; 0,56; -0,16; -0,02	433 95449,0 36 21,12; -31,0; -13,99; -6,05; 1,24; 0,44; -0,11; -0.073	658 129418,0 101 25,96; -10,30; 6,15; 1,82; -5,78; 15,21; 2,02; 2,74

Bild 46: Variation des Polynomgrades

Alle Optimierungsverfahren zeigen eine deutliche Zunahme der
Funktionsaufrufe bei steigendem Polynomgrad, wobei lediglich
das Programm PAMIRO Schwankungen aufweist. Im Vergleich dazu
nimmt der Wert der Gütefunktion nur noch wenig ab. So erhöht
sich z.B. die Anzahl der Funktionsaufrufe bei EXTREM (Anfangslagerbestand: 25) vom Grad 4 zum Grad 7 um 123 %, während der
Funktionswert dabei nur um 0,19 %o abnimmt, so daß es wenig
sinnvoll erscheint, zur Approximation der optimalen Steuerung
ein Polynom höheren als vierten Grades anzusetzen.

Die Sensitivitätsanalyse zeigt bei der Betrachtung der durchschnittlichen Reaktionen der Verfahren, daß allgemein eine große
Empfindlichkeit gegenüber der

- Bewertungsstrategie und dem
- Polynomgrad

besteht, während die Anfangswerte und der Nachfrageverlauf kei-
nen größeren Einfluß haben. Eine Sonderstellung nimmt dabei das
Programm PAMIRO ein, das im Gegensatz zu den anderen Verfahren
eine allgemein größere Empfindlichkeit und sehr unregelmäßiges
Verhalten aufweist.
Die besten Ergebnisse bei allen vier Variationen liefert das
Programm EXTREM.

5.5.4   <u>Konvergenzvergleich der numerischen Optimierungs-
          verfahren</u>

Bei der Sensitivitätsanalyse wurde als Maß für die Effektivität
der Verfahren die Anzahl der Funktionsaufrufe, die bis zum Abbruch des Suchvorganges benötigt werden, verwendet. Eine detail-
liertere Betrachtung zwingt jedoch zu einer gewissen Realtivie-
rung der Bewertung der dabei erzielten Ergebnisse.
In Bild 47 ist der Gütefunktionswert über der Anzahl der Funktionsaufrufe aufgetragen.

Die Konvergenzverläufe zeigen übereinstimmend, daß die schlechte
Beurteilung des Programms PAMIRO nur bedingt aufrecht erhalten
werden kann. Für die beiden in Bild 47 angegebenen Kombinationen
der Bewertungsfaktoren konvergiert der Algorithmus anfangs sehr
gut, um dann jedoch immer langsamer dem Optimum zuzustreben.

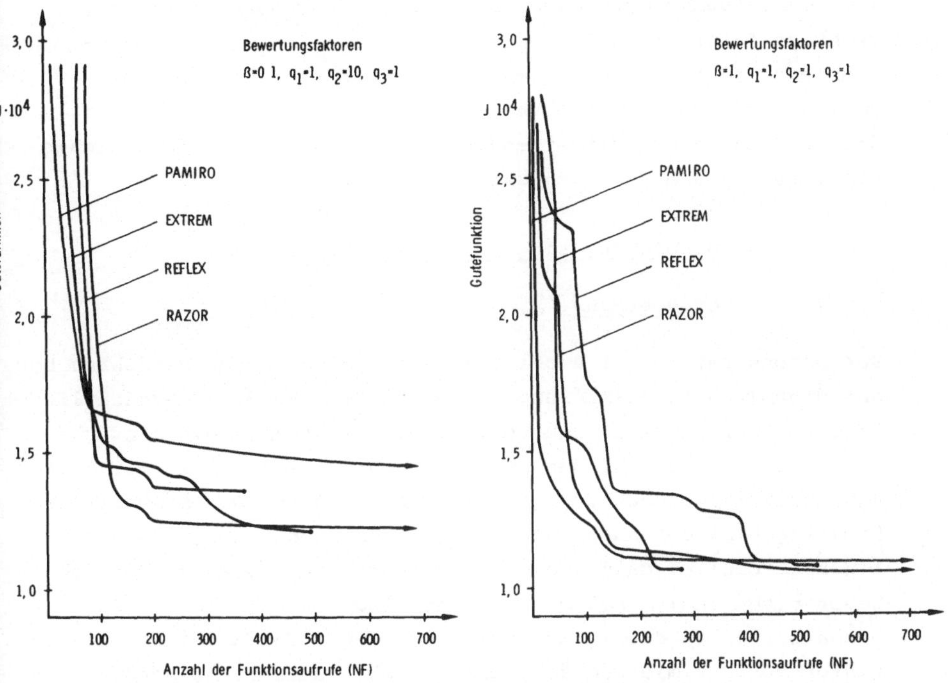

Bild 47: Konvergenzverlauf der numerischen Optimierungsverfahren

Der direkte Vergleich der übrigen drei Verfahren ergibt bei der
Zugrundelegung der Konvergenz als Maßstab folgende Reihenfolge:

1. EXTREM,

2. RAZOR,

3. REFLEX.

Das Verfahren REFLEX weist ein besonderes Verhalten auf. Es kon-
trahiert manchmal zu früh und muß dann mit neuen Werten nochmals
gestartet werden. Das bedeutet einen erheblichen Mehraufwand ge-
genüber den anderen Optimierungsverfahren.
Die scheinbar naheliegende Kombination der Programme PAMIRO und
EXTREM stößt auf Schwierigkeiten, die die Effektivität dieser
Verbindung in Frage stellen. Es ist sehr schwer, den optimalen
"Umschaltzeitpunkt" zu finden und es genügt nicht, die bis zu

diesem Zeitpunkt gefundenen $\bar{s}$-Werte zu übergeben, da die sehr
wichtige Information über die "Topologie" des Optimierungsproblems dadurch nicht vermittelt werden kann, so daß der
zweite Algorithmus durch verschiedene Versuchsschritte erst
die für ihn in dem betreffenden Gebiet des "Gebirges" optimale
Schrittweite und Suchrichtung finden muß.

5.6 Optimierung eines komplexen Modells

5.6.1 Vorbemerkung

Zur Demonstration der Arbeitsweise der numerischen Verfahren bei
der dynamischen Optimierung wurde aus Gründen der Übersichtlich-
keit und der besseren Beurteilung der Ergebnisse ein einfaches
Testmodell verwendet, das außerdem den Vorteil hatte, mit Hilfe
von analytischen Methoden optimierbar zu sein. Das eigentliche
Einsatzgebiet der numerischen Verfahren sind aber große nichtlineare Modelle, da diese nur mit sehr hohem Aufwand oder über-
haupt nicht analytisch optimierbar sind.
Deshalb soll in diesem Kapitel die Eignung der numerischen Verfahren zur Optimierung komplexer Modelle untersucht werden. Dabei steht die Klärung folgender Fragen im Vordergrund:

- Gibt es Faktoren, die den Suchvorgang der Algorithmen beeinflussen und die besonders bei großen Modellen auftreten?
  Muß diese Frage bejaht werden, ist die Sensitivität der Optimierungsverfahren hinsichtlich dieser Faktoren zu untersuchen.

- Werden die Ergebnisse hinsichtlich der Effektivität der einzelnen Verfahren, die mit dem kleinen Testmodell erzielt
  wurden, bestätigt, so daß mit einiger Sicherheit geschlos-
  sen werden kann, daß sie auch bei vergleichbaren Modellen
  ähnlich reagieren?

- Bleibt der Aufwand (Rechenzeit, Anzahl der Funktionsaufrufe)
  für die Optimierung von komplexen Modellen in einer Größenordnung, die den Einsatz dieser Methoden in der Praxis sinnvoll erscheinen lassen?

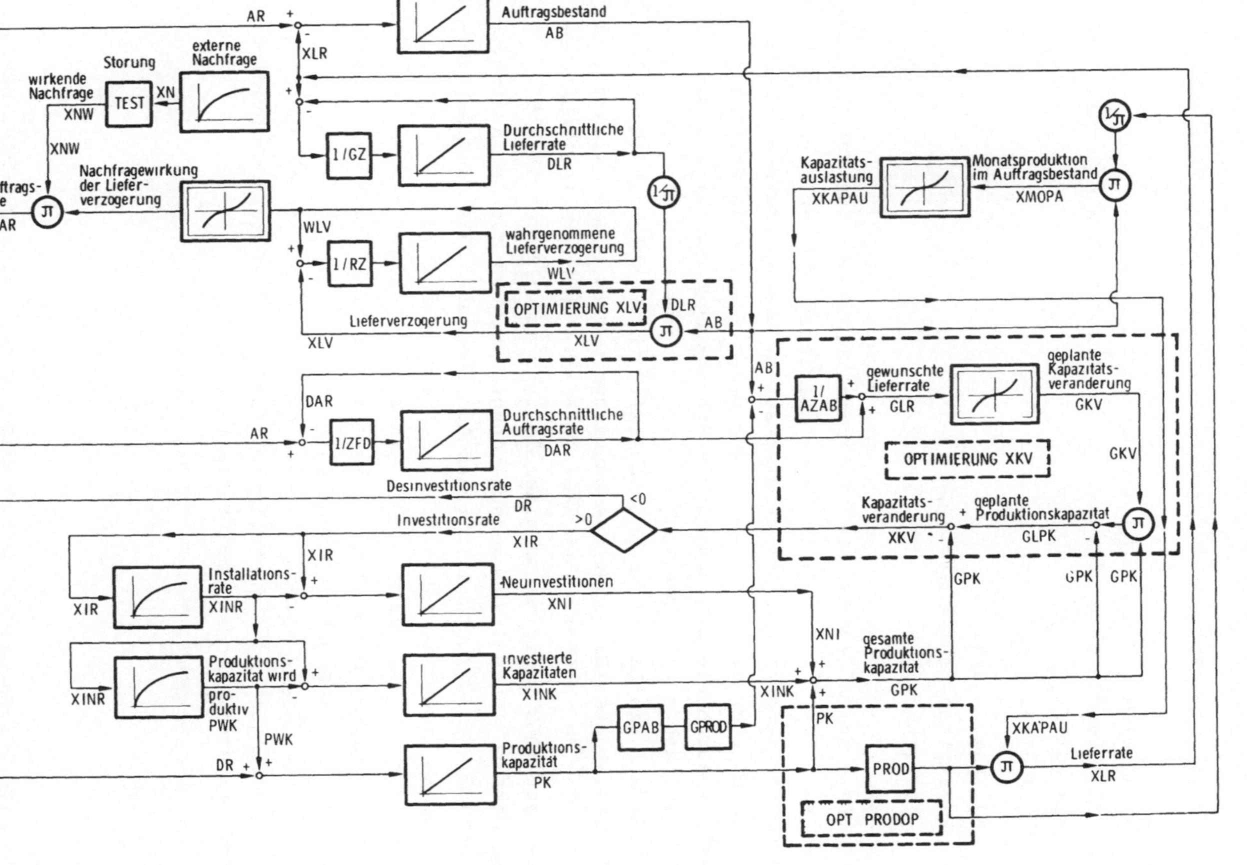

Bild 48: Blockschaltbild der Bereiche Beschaffung, Produktion und Absatz des Testmodells

5.6.2 Modellbeschreibung

Das hier verwendete Testmodell basiert auf einem Modell von
Zahn /63/, das zur Analyse von Anpassungen der Fertigungskapa-
zität an eine steigende Nachfrage erstellt wurde. Es umfaßt die
Bereiche Beschaffung, Produktion und Absatz (Bild 48, vgl. auch
Anhang 8.3).
Das Modell gliedert sich in drei Blöcke:

- Auftragsabwicklung,

- Investitionsentscheidung,

- Kapazitäten.

Zentrale Größe des Sektors "Auftragsabwicklung" ist der Auftragsbestand (AB) [1], der sich aus der Differenz der Auftragsrate (AR)
und der Lieferrate (XLR) zusammensetzt. Die Auftragsrate wird
durch eine extern vorgegebene Nachfrage (XN), eine Testfunktion
(TEST),durch die z.B. saisonale Schwankungen abgebildet werden
können, und die Rückwirkung der wahrgenommenen Lieferverzögerung
gebildet. Die Lieferverzögerung (XLV), die geglättet (über die
Zeitkonstante (RZ)) auf die Nachfrage wirkt, ergibt sich aus der
Division des Auftragsbestandes durch die durchschnittliche Lieferrate (DLR), die durch eine Glättung aus XLR hervorgeht.
Im Sektor "Investitionsentscheidungen" werden aus dem Auftragsbestand, der durchschnittlichen Auftragsrate (DAR) und der vorhandenen Produktionskapazität (PK) über die regulative Größe
"gewünschte Lieferrate (GLR)" die Kapazitätsveränderung (XKV)
ermittelt, die dann zu einer Investition (XIR) oder einer Still-
legung (DR) von Kapazitäten führt.
Im Sektor "Kapazitäten" wird aus diesen Investitionen über Zeit-
verzögerungen wegen Installation (XINR) und Anlaufschwierigkei-
ten die Produktionskapazität (PK) aufgebaut.

---

1) Alle Größen bis auf die Konstanten GZ, RZ, ZFD, GPAB, GPROD,
   PROD und AZAB sind Variablen der Zeit. Aus Gründen der Einfachheit wird z.B. statt AB(t) die Darstellung AB verwendet.

5.6.3   Auswahl der Steuergrößen

Da das oben beschriebene Modell nicht unter dem Gesichtspunkt
der Optimierung konzipiert wurde, kann es nicht ohne Veränderungen übernommen werden. Die im ursprünglichen Modell als starre
Kopplungen dargestellten Planungsprozesse können in einem optimierenden Modell gelöst und durch freie Steuervariable ersetzt
werden (Bild 49).
So wurde als Steuervariable die Kapazitätsveränderung (XKV) gewählt. Damit fallen folgende Größen des ursprünglichen Modells
weg:

- durchschnittliche Auftragsrate (DAR),
- gewünschte Lieferrate (GLR),
- geplante Kapazitätsveränderung (GKV),
- gesamte Produktionskapazität (GPK),
- geplante Produktionskapazität (GLPK),
- investierte Kapazitäten (XINK).

Als weitere Steuergrößen werden die Lieferverzögerung (XLV) und
die Größe PRODOP (vgl. Bild 49) eingeführt.
Mit den Bezeichnungen

$$x_1(t) = AB, \qquad x_2(t) = DLR, \qquad x_3(t) = WLV, \qquad x_{10}(t) = PK,$$

$$u_1(t) = PRODOP, \qquad u_2(t) = XKV, \qquad z(t) = XNW,$$

$$a_1 \;\; = 1/PROD, \qquad a_2 \;\; = 1/RZ, \qquad a_3 \;\; = 3/AZ, \qquad a_4 \;\; = 3/XIZ,$$

$$a_5 \;\; = STIL$$

ergibt sich für das Modell mit Optimierung (es sind nur die
Steuergrößen XKV und PRODOP berücksichtigt, vgl. dazu Abschnitt
5.6.4) folgendes System nichtlinearer Differentialgleichungen:

$$
\begin{aligned}
\dot{x}_1(t) &= f_1(x_3(t)) \cdot z(t) - f_2(x_1(t), x_{10}(t), u_1(t)) \\
\dot{x}_2(t) &= f_2(x_1(t), x_{10}(t), u_1(t)) - x_2(t) \\
\dot{x}_3(t) &= a_2(x_1(t)/x_2(t) - x_3(t)) \\
\dot{x}_4(t) &= a_3(f_3(u_2(t)) - x_4(t)) \\
\dot{x}_5(t) &= a_3(x_4(t) - x_5(t)) \\
\dot{x}_6(t) &= a_3(x_5(t) - x_6(t))
\end{aligned}
\qquad (5.29)
$$

$$\dot{x}_7(t) = a_4(a_3\, x_6(t) - x_7(t))$$

$$\dot{x}_8(t) = a_4(x_7(t) - x_8(t))$$

$$\dot{x}_9(t) = a_4(x_8(t) - x_9(t)) \qquad\qquad\qquad (5.29)$$

$$\dot{x}_{10}(t) = a_4\, x_9(t) - a_5\, f_3(u_2(t)) \ .$$

Die nichtlinearen Funktionen ergeben sich zu

$$f_1(x_3(t)) = \begin{cases} 1 & \text{für } x_3(t) \leqq 1 \ , \\ -0,5\cdot x_3(t)+1,3 & \text{für } 1 < x_3(t) \leqq 2,8, \\ 0,1 & \text{für } x_3(t) > 2,8 \ , \end{cases}$$

$$f_2(x_1(t),x_{10}(t),u_1(t)) =$$

$$x_{10}(t)u_1(t)\cdot \begin{cases} 1,2\cdot x^*(t) & \text{für } x^*(t) \leqq 0,5 \ , \\ -0,8\cdot x^{*2}(t)+2\cdot x^*(t)-0,2 & \text{für } 0,5 < x^*(t) \leqq 1 \ , \\ 1 & \text{für } x^*(t) > 1 \ , \end{cases}$$

$$\text{mit} \quad x^*(t) = a_1\, \frac{x_1(t)}{x_{10}(t)} \quad \text{und}$$

$$f_3(u_2(t)) = \max\,(u_2(t),\, 0) \ .$$

Von großer Bedeutung für die Funktion - also das Verhalten - des Modells ist die Auswahl der Größen, die über das Gütekriterium die Steuergrößen beeinflussen. Im vorliegenden Fall sind das:

XG_1 = XNW - PK · PROD (Wirkende Nachfrage minus Produktion),

XG_2 = XNW - AR (Wirkende Nachfrage minus Auftragsrate),

$$XG_3 = \begin{cases} \dfrac{1}{ZK}\cdot AB - XLR & \left(\dfrac{\text{Auftragsbestand}}{\text{Zeitkonstante}} \text{ minus Lieferrate}\right) , \\ XLR - XNW & \text{(Lieferrate minus wirkende Nachfrage)}. \end{cases}$$

Die beiden Versionen von XG_3 werden alternativ getestet. Die Größe XG_1 paßt die Produktion an die Nachfrage an und wirkt besonders auf die Steuergröße XKV. Die Größe XG_2 gleicht die Auftragsrate der Nachfrage an und XG_3 koppelt Auftragsbestand und Lieferrate. Beide Größen wirken auf XKV und XLV, wobei ihre Wirkung nicht so intensiv ist wie die der Größe XG_1.

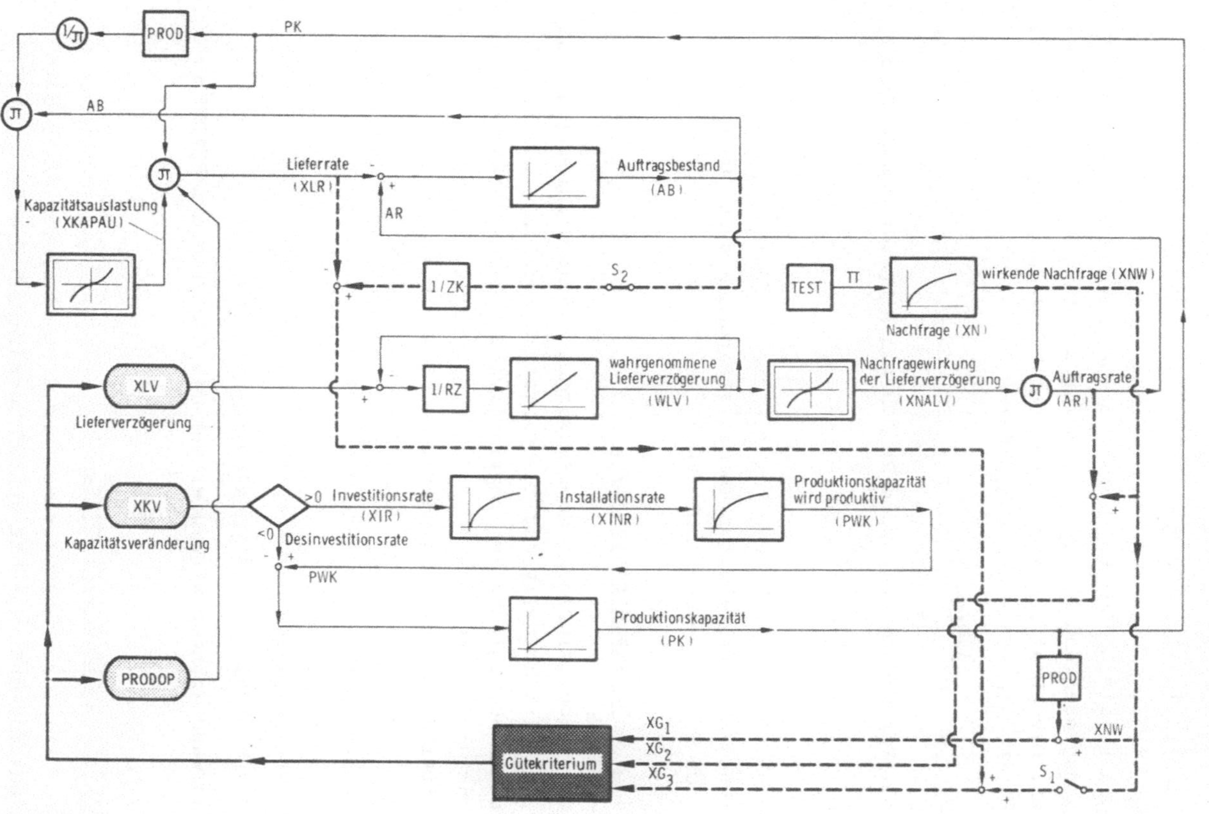

Bild 49: Testmodell mit Optimierung

Als Gütekriterium wird ein quadratisches Funktional verwendet:

$$J = \int_0^T [BQ_1 \cdot XG_1^2 + BQ_2 \cdot XG_2^2 + BQ_3 \cdot XG_3^2 + BU_1 \cdot F_s + BU_2 \cdot XKV^2]\, dt \ . \tag{5.30}$$

Dabei sind die Größen BQ_n (n=1,2,3) Bewertungsfaktoren für die Zustandsgrößen und BU_m (m=1,2) Bewertungsfaktoren für die Steuergrößen. Die Straffunktion F_s hat bei Verwendung der Lieferverzögerung XLV als Steuergröße die Form

$$F_s = a \cdot e^{-b(XLV-1)} \quad \text{mit } a = 100 \text{ und } b = 5 \tag{5.31}$$

und bei Verwendung der Größe PRODOP als Steuergröße die Form

$$F_s = a \cdot (e^{PRODOP-1} -1) \quad \text{mit } a = 100 \ . \tag{5.32}$$

Die Funktion (5.31) belegt kurze Lieferverzögerungen mit hohen, und lange Lieferverzögerungen mit geringen Kosten. Durch die Funktion (5.32) werden große Werte von PRODOP bestraft.

5.6.4 Sensitivitätsanalyse

Mit dem zu optimierenden Modell wird nun eine Sensitivitätsanalyse, vergleichbar mit der des einfachen Modells - durchgeführt. Neben der Beurteilung der Empfindlichkeit des numerischen Optimierungsverfahrens gegenüber den Parametervariationen soll die Sensitivitätsanalyse besonders die vielfältigen Möglichkeiten der Optimierung darlegen. Es werden folgende Größen variiert:

a) Art der Optimierung (Steuergrößen und Polynomgrad),
b) Bewertungsfaktoren,
c) Nachfrageverlauf,
d) Beschränkungen der Steuergrößen.

Aus Aufwandsgründen wird hier nur mit dem Programm EXTREM gerechnet.

a) Variation der Optimierungsart

Nach der Wahl der Steuergrößen und der Definition der Größen der Gütefunktion muß zunächst geprüft werden, ob die Steuergrößen prinzipiell in der Lage sind, das gewünschte Modellverhalten,

z.B. die völlige Anpassung der Kapazität an die Nachfrage, zu
realisieren und ob auch eine der beiden Steuergrößen allein aus-
reicht, das gewünschte Verhalten zu erzielen.
Zuerst wird nur mit den Größen XKV und XLV gesteuert.

Es zeigt sich (Bild 50), daß allein mit der dynamischen Steuer-
größe XLV keine vollkommene Anpassung der Produktion an die
Nachfrage möglich ist.
Dagegen ist mit der Steuergröße XKV allein eine sehr gute An-
passung möglich.
Die Größen XLV und XKV werden jeweils durch ein Tschebyscheff-
Polynom 4. Grades approximiert.

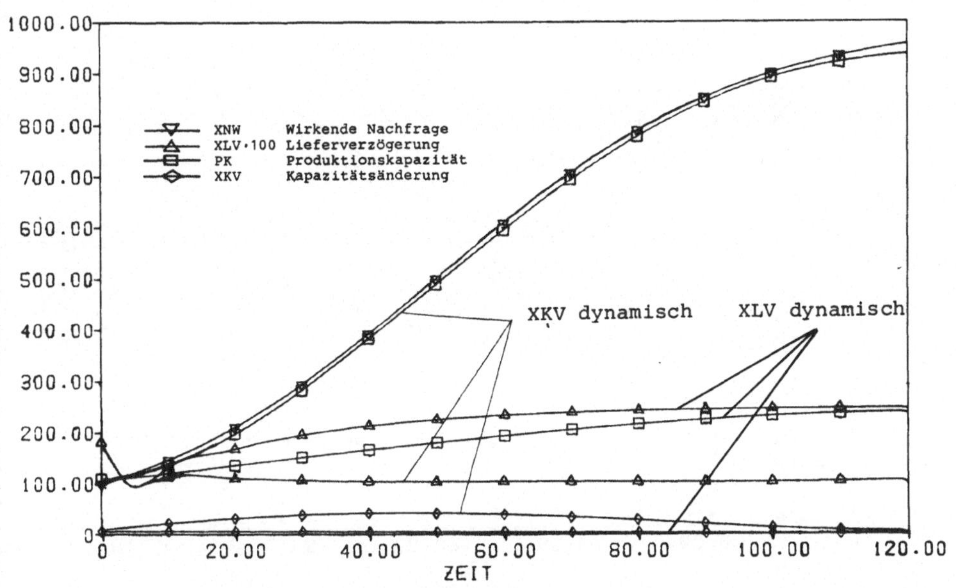

Bild 50: Steuerung des Modells mit der Lieferverzögerung XLV
         und mit der Kapazitätsveränderung XKV (dynamisch)

Die Sensitivitätsanalyse zeigt somit, daß die Größe XLV neben
der Größe XKV nicht benötigt wird. Die Steuergröße XKV ist aber
nicht in der Lage, eine Anpassung an die Nachfrage vorzunehmen,
ohne Fertigungskapazität aufzubauen. In der Praxis ist es jedoch

nicht sinnvoll, auf kurzfristige Nachfragespitzen mit Kapazitäts-
aufbau zu reagieren, da die Gefahr von nachfolgenden Überkapazi-
täten besteht. Hier ist eine Fremdvergabe der Aufträge sinnvoller.

Zur Realisierung dieser Fremdvergabe wird die Steuergröße PRODOP
verwendet (vgl. Bild 49), die direkt auf die Lieferrate wirkt.

Bei Steuerung mit XKV und PRODOP wird XLV wieder automatisch
berechnet wie in Bild 48 dargestellt.

Bild 51 zeigt, daß bei einer vorgegebenen, sich der Nachfrage
nur teilweise anpassenden Kapazität (XKV) die Steuergröße PRODOP
eine gute Angleichung der Lieferrate bewirkt. Die Größen XKV und
PRODOP werden jeweils mit einem Polynom 4. Grades approximiert.

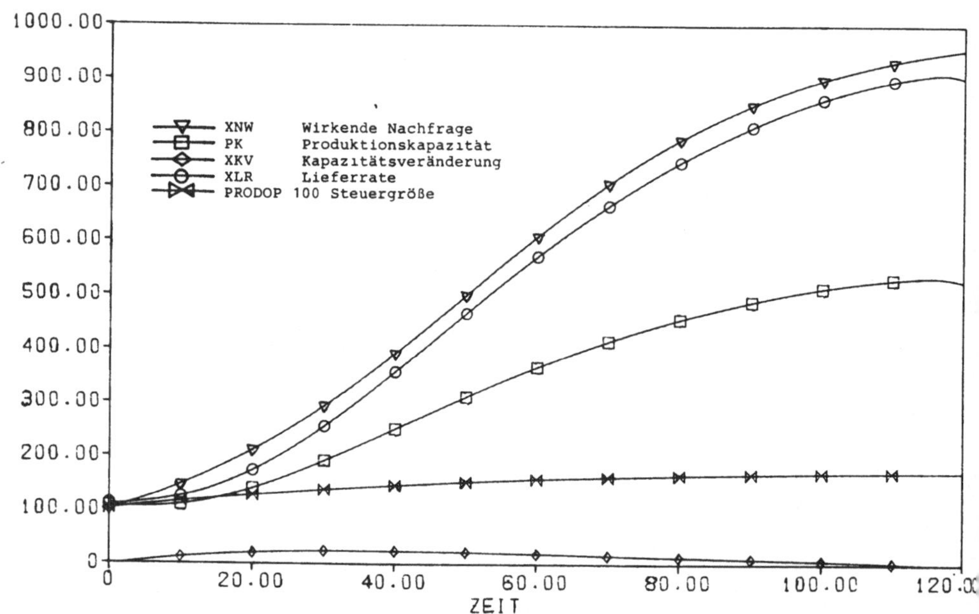

Bild 51: Steuerung des Modells mit XKV (dynamisch) und PRODOP
         (dynamisch)

b) Variation der Bewertungsfaktoren

Mit der Definition der Steuergrößen und des Gütekriteriums und
der Festlegung der Optimierungsart ist der "Verhaltensspielraum"
des Modells festgelegt. Bezogen auf die Kapazitätsveränderung
(XKV) bedeutet das, daß mit den gemachten Annahmen eine vollstän-

dige Anpassung der Kapazität an die Nachfrage möglich, aber aus
den o.g. Gründen nicht immer wünschenswert ist. Es muß also geklärt werden, durch welche Kombination der Bewertungsfaktoren
das Ausmaß der Kapazitätsanpassung beeinflußt werden kann.
Außerdem kann neben den Bewertungsfaktoren noch die Straffunktion
für PRODOP zur Regulierung der Anpassung verwendet werden. Für das
Ausmaß der Anpassung ist das Verhältnis der Bewertungsfaktoren
BU_2 (für die Steuerfunktion XKV) und BQ_1 (für die Größe XG_1) ver-
antwortlich.

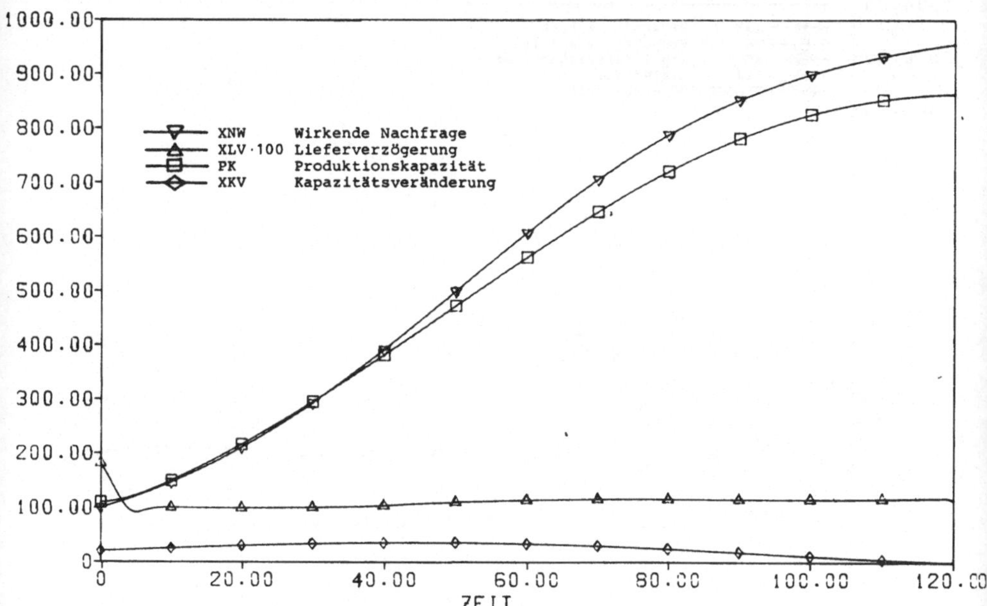

Bild 52: Einfluß der Bewertungsfaktoren auf das Modellverhalten

Bei einem Verhältnis $\frac{BU}{BQ_1} \approx 1$ (vgl. Bild 50) wird eine vollständige
und bei einem Verhältnis $\frac{BU}{BQ_1} \gg 1$ (vgl. Bild 52) eine geringe Anpassung vollzogen. Für $\frac{BU}{BQ_1} \approx 10^4$ z.B. liegt die zum Zeitpunkt T
erreichte Produktionskapazität bei ca. 3/4 der Nachfrage.
Die Werte für den Optimierungsaufwand verhalten sich ähnlich wie
beim erweiterten Lagermodell gemäß Bild 33 (vgl. Kapitel 5.5.3).
Die Sensitivität bezüglich der Rechenzeit ist bei einer Verhal-
tensanpassung mit Hilfe der Bewertungsfaktoren groß, während

eine Anpassung durch Veränderung der Struktur der Gütefunktion
(Änderung der Straffunktion oder andere Wahl der Größen XG_1,
XG_2, XG_3) bei gleicher Wirkung weniger Rechenzeit benötigt.

c) Variation des Nachfrageverlaufs

Als Variation des Nachfrageverlaufs wird die logistische Kurve
mit einer kurzfristigen, im Vergleich mit der Simulationszeit T,
Nachfragespitze bzw. einem Nachfrageeinbruch überlagert (Bild 53).

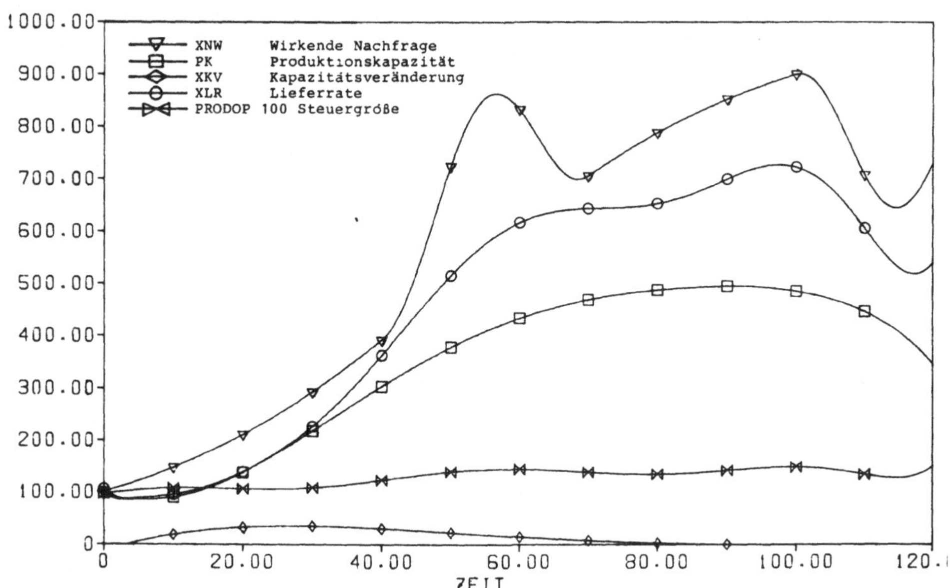

Bild 53: Variation des Nachfrageverlaufs

Die Produktionskapazität wird nur zum Teil an die Nachfrage ange-
paßt, während durch die Fremdvergabe eine zusätzliche Erhöhung
der Lieferrate möglich ist, die auch die kurzfristige Nachfrage-
schwankung ausgleicht.

d) Beschränkungen der Steuergröße XKV

Ein bisher noch nicht angesprochenes Problem ist die Beschränkung
der Steuergröße. Gerade diese Beschränkung ist ein in der Praxis
häufig auftretendes Phänomen, da die zur Steuerung notwendigen

Mittel, z.B. das Investitionsbudget, nicht in unbegrenzter Höhe
zur Verfügung stehen oder weil die Steuergröße nur diskontinuier-
lich eingesetzt werden kann. So ist es üblich, über größere Investitionen nicht monatlich, sondern vierteljährlich, halbjähr-
lich oder nur einmal pro Jahr zu entscheiden.
Die folgenden Bilder geben das Verhalten bei periodischer Investition wieder.

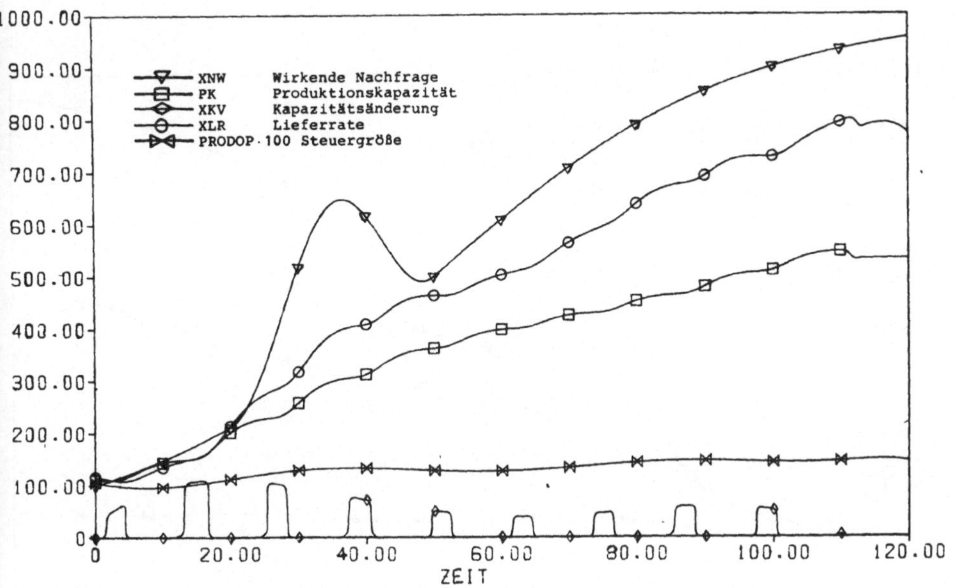

Bild 54: Steuerung mit Investitionen in den ersten drei Monaten
jedes Jahres

Einmal wird angenommen (Bild 54), daß drei Zeiteinheiten (z.B.
Monate) von zwölf Zeiteinheiten (z.B. 1 Jahr) investiert wird,
und zwar so, daß auf drei Investitionsmonate neun investitions-
freie Monate folgen, zum anderen wird das Verhältnis sechs zu
sechs angenommen (Bild 55). Die Investitionshöhe ist nicht beschränkt.
In beiden Fällen erfolgt trotz der Beschränkung eine gute Anpassung der Kapazität, wobei erwartungsgemäß die dreimonatige Investi-
tionsperiode etwas schlechtere Ergebnisse liefert. Die Werte für

den Rechenaufwand liegen in derselben Größenordnung wie bei der
kontinuierlichen Investition.

Zusammenfassend kann festgestellt werden, daß die numerische Optimierung auch bei diesem größeren Testmodell, das eine größere
Variationsmöglichkeit, die Auswahl und Größe der Parameter be-
treffend, bietet, für jede gegebene Parameterkombination eine
optimale Steuerkurve liefert.

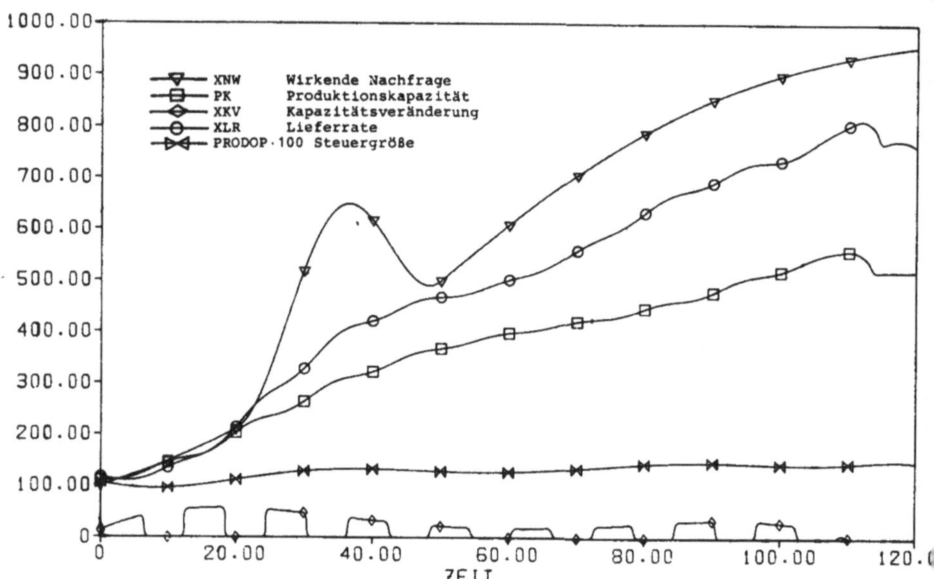

Bild 55: Steuerung mit Investitionen in den ersten sechs Monaten
jedes Jahres

5.6.5 Konvergenzvergleich der numerischen Optimierungs- verfahren

Bei der Optimierung des komplexen Modells wurde auf den Einsatz
des Simplexverfahrens (REFLEX) verzichtet, weil schon beim einfacheren Modell Unregelmäßigkeiten im Konvergenzverhalten beobachtet wurden (vgl. Bild 47).

Der Vergleich der drei Verfahren EXTREM, PAMIRO und RAZOR (Bild 56)
bestätigt die Ergebnisse, die beim einfacheren Modell erzielt wurden.

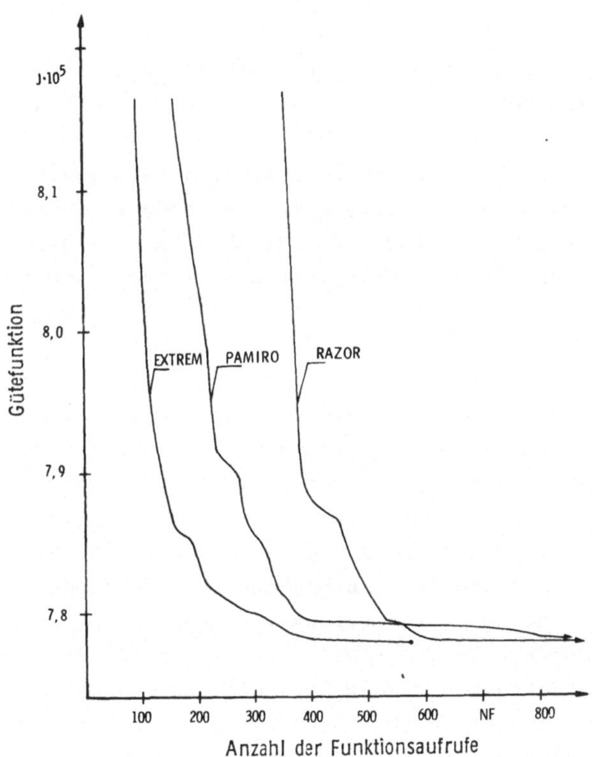

Bild 56: Konvergenzverlauf

Alle drei Verfahren konvergieren zum Optimum. EXTREM sehr gut,
PAMIRO und RAZOR etwas langsamer. Dabei erweist sich die Lagrange-
Interpolation beim Verfahren EXTREM sicher als hilfreich in der Nähe des Optimums. PAMIRO wurde nicht wie beim kleineren Modell mit
$VKL \ll 0$[1], sondern mit $0 \leqq VKL \leqq 1$ (hier $VKL = 0,5$) gerechnet, da
das Verfahren im ersten Fall die Suche weit entfernt vom Optimum
abbricht.

---

1) Bei $0 \leqq VKL \leqq 1$ wird die Schrittweite höchstens dreimal mit VKL multipliziert, also verkleinert. Diese Vorgehensweise eignet sich gut
   bei unimodalen Optimierungsproblemen, oder bei einem Start in der
   Nähe des Optimums. Bei $VKL < 0$ können Nebenminima übergangen werden.
   Bei $VKL \ll 0$ (z.B. $VKL = -1 \cdot 10^{20}$) können die Schrittweiten stark ver-
   größert werden, um auch bei komplizierten Funktionen mit starken
   Nebenminima die Konvergenz zum Hauptminimum sicherzustellen.

Bei der Bewältigung von Planungsproblemen in der Praxis werden zunehmend Modelle benötigt, die das dynamische, nichtlineare Verhalten des interessierenden Realsystems möglichst gut wiedergeben. Diese Modelle können mit Hilfe verschiedener Verfahren simuliert werden. Wird für bestimmte Fragestellungen eine Optimierung des Modells verlangt, stößt der Anwender jedoch auf den in der Literatur weit verbreiteten Hinweis, daß dies nur für stark vereinfachte (z.B. lineare) Modelle möglich ist. Deshalb wird in der vorliegenden Arbeit versucht, eine Methode zu entwickeln, die die Optimierung technisch-ökonomischer Simulationsmodelle,die aus Systemen nichtlinearer Differentialgleichungen bestehen, zu ermöglichen.

Die Analyse der bisherigen Ansätze zur Optimierung dieser Modelle zeigt, daß Einschränkungen hinsichtlich der Anwendbarkeit dieser Verfahren bestehen. So wird einmal die Differenzierbarkeit der Systemgleichungen nach den Parametern gefordert oder die Optimierung wird nur an einem stark vereinfachten Modell, das mit dem Simulationsmodell gekoppelt ist, durchgeführt. Außerdem handelt es sich bei allen bisher vorgeschlagenen Verfahren um statische Optimierungsverfahren (Parameteroptimierung).
Zur Umgehung des Problems der Differenzierbarkeit der Systemgleichungen werden Verfahren ausgewählt, die ohne Ableitungen der Systemgleichungen auskommen. Die Arbeitsweise von vier dieser direkten Suchverfahren wird beschrieben.
Da diese Verfahren nur in der Lage sind, eine <u>Parameteroptimierung</u> durchzuführen, wird zur Realisierung der <u>Strukturoptimierung</u> die zu optimierende Steuergröße durch ein Polynom approximiert, dessen Parameter dann variiert werden.
Die entwickelte Vorgehensweise zur dynamischen Optimierung mit Hilfe von Ansatzfunktionen wird an Modellen getestet, die zur Kontrolle analytisch berechnet werden. Sowohl im statischen als auch im dynamischen Fall - hier wird zur analytischen Kontrollrechnung ein linearer optimaler Regler verwendet - ergibt sich eine gute Übereinstimmung zwischen numerischen und analytischen Ergebnissen. Die Zuverlässigkeit und die Effektivität der Methode wird auch

bei der Anwendung auf ein komplexes Modell, das nicht mehr analytisch berechnet werden kann, bestätigt. Der in diesem Zusammen-
hang durchgeführte Vergleich der vier direkten Suchverfahren, da
es sich um heuristische Verfahren handelt, kann ihre Güte nur
an konkreten Fällen festgestellt werden, ergibt, daß das Verfahren EXTREM von Jacob im Durchschnitt aller Fälle am besten
abschneidet.

Der Einsatz der entwickelten Methode wird überall dort sinnvoll
sein, wo einerseits die Linearisierung eines komplexen nichtlinearen Modells problematisch ist, wo deshalb auch keine analytischen Verfahren angewendet werden können, oder wo die Ergebnisse des linearisierten Modells mit denen des nichtlinearen Modells verglichen werden sollen, und wo andererseits von der Auf-
gabenstellung her über eine konventionelle Simulation hinaus die
Optimierung des Modells verlangt wird.

Dabei stehen dem Modellersteller bzw. -anwender viele verschiedene Möglichkeiten (Straffunktion, Bewertungsfaktoren, Wahl von
Steuer- und Bewertungsgrößen, Gütefunktion) zur Verfügung, das
Modellverhalten zu beeinflussen. Diese Flexibilität erleichtert
zwar die Arbeit mit dem Modell, erschwert aber unter Umständen -
besonders bei willkürlichem Einsatz der mehr formalen Größen
(z.B.die Bewertungsfaktoren) - die Interpretation der Ergebnisse.

Eine laufende Kontrolle der Modellergebnisse am Realsystem ist
deshalb zur Vermeidung dieser Probleme unbedingt notwendig.

7   <u>SCHRIFTTUM</u>

/1/   Anderson, B.D.; Moore, J.B.: Linear Optimal Control.
                   Englewood Cliffs: Prentice-Hall 1971.

/2/   Apel, H.:   Simulation sozioökonomischer Zusammenhänge.
                   Kritik und Modifikation von "System Dynamics ".
                   Frankfurt: Universität Dr.-rer.-pol.-Diss.
                   1977.

/3/   Baetge, J.:   Betriebswirtschaftliche Systemtheorie.
                   Opladen: Westdeutscher Verlag 1974.

/4/   Bamberger, W.: Statische Optimierung technischer Prozesse.
                   PDV-Bericht Nr. 15. Karlsruhe: Gesellschaft
                   für Kernforschung 1973.

/5/   Bandler, J.W.; Macdonald, P.A.: Optimization of Microwave
                   Networks by Razor Search. IEEE Transactions
                   on Microwave Theory and Techniques, Vol.
                   MTT - 17, (1969), No. 8, S. 552 - 562.

/6/   Bauknecht, K.; Nef, W.: Digitale Simulation. Berlin,
                   Heidelberg, New York: Springer 1971.

/7/   Bellman, R.:   Dynamic Programming. Princeton: Princeton
                   University Press 1957.

/8/   Bradshaw, A.; Porter, B.: Optimal control of production-
                   inventory systems. Int. J. Sci. 4 (1973)
                   Nr. 5, S. 697 - 706.

/9/   Bräuninger, J.: Methoden zur Lösung von Optimierungspro-
                   blemen ohne Verwendung von Ableitungen.
                   Stuttgart, Universität, Fachbereich Mathe-
                   matik, Diss. 1977.

/10/ Bronstein, I.N.; Semendjajew, K.A.: Taschenbuch der Mathe-
                   matik. Zürich, Frankfurt/M.: Harri Deutsch
                   1968.

/11/   CSMP III, Continuous System Modelling Program. General
       Information, Manual. IBM-Form GH 19-7000.

/12/   Diebold, J.: Das Umfeld der Unternehmen ändert sich.
       Frankfurter Allgemeine Zeitung 21 (1978)
       Nr. 64.

/13/   Dixon, L.C.W.: Nonlinear Optimisation.
       Glasgow: Bell and Bain Limited 1972.

/14/   Fletcher, R.; Powell, M.J.D.: A rapidly convergent descent
       method for minimization. Computer Journal 6
       (1963), S. 163-168.

/15/   Forrester, J.W.: Industrial Dynamics. Cambridge Mass.:
       MIT Press 1961.

/16/   Forrester, J.W.: Principles of Systems. Cambridge Mass.:
       MIT Press 1968.

/17/   Gershefski, G.W.: Corporate Models - the state of the Art.
       Managerial Planning November - December 1969.
       Nachdruck in Management science, (1970)
       Febr., S. 303-312.

/18/   Gilles, E.D.; Knöpp, U.: Regelungstechnik I. Vorlesungs-
       manuskript. Universität Stuttgart 1974.

/19/   Gilles, .D.; Knöpp, U.: Regelungstechnik II. Vorlesungs-
       manuskript. Universität Stuttgart 1975.

/20/   Händle, F.; Jensen, S. (Hrsg.): Systemtheorie und System-
       technik. München: Nymphenburger Verlags-
       handlung 1974.

/21/   Hahn, D.:   Bedeutung der Simulation mit EDV für die
       Unternehmensplanung. In: Organisation.
       Lindemann, Nagel (Hrsg.). Neuwied: Luchter-
       hand 1976.

/22/ Hichert, H.; Kornwachs, K.: Ein stufenweise approximatives
                        Modell für die Ablaufplanung. Bericht aus
                        dem Institut für Produktionstechnik und Auto-
                        matisierung der Fraunhofer-Gesellschaft e.V.,
                        Stuttgart 1977.

/23/ Himmelblau, D.M.: Applied nonlinear Programming.
                        New York: McGraw-Hill Book 1972.

/24/ Horst, R.:   Nichtlineare Optimierung. München, Wien:
                        Carl Hanser 1979.

/25/ Hugger, W.:   Weltmodelle auf dem Prüfstand. Basel, Stutt-
                        gart: Birkhäuser 1974.

/26/ Isermann, R.:   Theoretische Analyse der Dynamik industriel-
                        ler Prozesse (Identifikation II). Mannheim,
                        Wien, Zürich: Bibliographisches Institut 1971.

/27/ Isermann, R.:   Prozeßidentifikation. Berlin, Heidelberg,
                        New York: Springer 1974.

/28/ Jacob, H.:   Konzepte computergestützter Unternehmens-
                        planungsmodelle. In: Computergestützte Unter-
                        nehmensplanung. Stuttgart, Chicago: Science
                        Research Associates 1977.

/29/ Jacob, H.G.:   FORTRAN-Programm zur Ermittlung eines lokalen
                        Optimums einer beschränkten multivariablen
                        Gütefunktion ohne Kenntnis ihrer Ableitungen.
                        PDV-Bericht Nr. 36. Karlsruhe: Gesellschaft
                        für Kernforschung 1975.

/30/ Kleinman, D.L.: On an Iterative Technique for Riccati
                        Equation Computations. IEEE Trans. on Automatic
                        Control. 13 (1968) Nr. 2, S. 114-115.

/31/ Klir, G.J.:   An Approach to General Systems Theory.
                        New York: Van Nostrand Reinhold Company 1969.

/32/ Kokotovic, P.; Rutman, R.: Sensitivity of Automatic Control
      Systems (Survey). Automation and Remote Con-
      trol. 26 (1965) Nr. 4, S. 727-749.

/33/ Kolbe, O.:   Entwicklung eines Dynamo-Compilers für die
                        Rechenanlage TR 4. Stuttgart, Universität,
                        Fachbereich Mathematik, Diss. 1973.

/34/ Kornwachs, K.; v. Lucadou, W.: Beitrag zum Begriff der
                        Komplexität. Grundlagenstudien aus Kyber-
                        netik und Geisteswissenschaften 16 (1975)
                        Nr. 2, S. 21-60.

/35/ Kornwachs, K.; Warschat, J.: Systemtheoretisches Konzept
                        für die Modellbildung dynamischer Systeme.
                        Ein Bericht aus dem Institut für Produkt-
                        tionstechnik und Automatisierung der Fraun-
                        hofer-Gesellschaft e.V. Stuttgart 1978.

/36/ Krallmann, H.: Heuristische Optimierung von Simulations-
                        modellen mit dem Razor Search-Algorithmus.
                        Basel, Stuttgart: Birkhäuser 1976.

/37/ Meinardus, G.: Approximation von Funktionen und ihre nu-
                        merische Behandlung. Berlin, Göttingen,
                        Heidelberg, New York: Springer 1964.

/38/ Milling, P.:   Der technische Fortschritt beim Produk-
                        tionsprozeß. Modell für innovative Industrie-
                        unternehmen. Mannheim, Universität, Fakul-
                        tät für Betriebswirtschaft, Diss. 1972.

/39/ Müller-Merbach, H.: Operations Research. 2. Aufl.,
                        München: Franz Vahlen 1971.

/40/ Nake, F.:   Zertifikat zu Algorithmus 2: Orthonormierung
                        von Vektoren nach E. Schmidt. Computing 1
                        (1966), S. 281.

/41/ Naylor, Th.H.: Computer Simulation Experiments with Models
                        of Economic Systems. New York, London:
                        John Wiley & Sons 1971.

/42/ Naylor, Th.H., Jeffress, C.: Corporate simulation models:
          a survey.Simulation 24 (1975) Nr. 6, S.171-
          176.

/43/ Niemeyer, G.: Systemsimulation. Frankfurt/M.: Akademische
          Verlagsgesellschaft 1973.

/44/ Oertli-Cajacob, P.: Simulation von Logistikstrategien.
          Rationalisierung 28 (1977) Nr. 7/8, S.155-
          158.

/45/ Oertli-Cajacob, P.: Praktische Wirtschaftskybernetik.
          München, Wien: Carl Hanser 1977.

/46/ Oppelt, W.:   Kleines Handbuch technischer Regelvorgänge.
          Weinheim/Bergstraße: Verlag Chemie 1972.

/47/ Palmer, J.R.: An improved precedure for orthogonalising
          the search-vectors in Rosenbrock's and
          Swanns's direct search optimisation methods.
          Computer Journal 12 (1969), S. 69-71.

/48/ Pugh, A.:   Dynamo II, Users Manual. Cambridge Mass.:
          MIT Press 1973.

/49/ Pun, L.; Kindler, E.-H.; Hinkel, H.: Abriß der Optimie-
          rungspraxis. München, Wien: R. Oldenbourg
          1974.

/50/ Roberts, E.:   Managerial Applications of System Dynamics.
          Cambridge Mass.: MIT Press 1978.

/51/ Rutishauser, H.: Algorithmus 2: Orthonomierung von Vek-
          toren nach E. Schmidt. Computing 1 (1966),
          S. 159-161.

/52/ Schrodi, E.: Fredholmsche Integralgleichungen zur optima-
          len Steuerung dynamischer Systeme. Regelungs-
          technik (1978) Nr. 7, S. 226-233.

/53/   Schwefel, H.-P.: Numerische Optimierung von Computer-Mo-
       dellen mittels der Evolutionsstrategie.
       Basel, Stuttgart: Birkhäuser 1977.

/54/   Shubert, H.A.: An Analytic Solution for an Algebraic Matrix
       Riccati Equation. IEEE Trans. Automatic
       Control AC- 19 (1974) S. 255-256.

/55/   Steinbach, K.: Ein methodisches Konzept zur Analyse lang-
       fristiger komplexer Planungsprobleme darge-
       stellt am Beispiel der Innovations- und In-
       vestitionsplanung in Klein- und Mittelbe-
       trieben des Maschinenbaus. Berlin, Techni-
       sche Universität Berlin, Fachbereich 20 -
       Kybernetik. Dr.-Ing.-Diss. 1975.

/56/   Steiner, M.: Was erwartet das Management von einem Pla-
       nungssystem? Industrielle Organisation 44
       (1975) Nr. 4, S. 161-165.

/57/   Stübel, G.:   Methodologische und Softwareengineering -
       orientierte Untersuchungen für ein Unterneh-
       mensmodell verschiedener Strukturiertheits-
       grade.
       Stuttgart, Universität, Dr.rer.nat.-Diss.
       1975.

/58/   Trier, B.:   Die Theorie der parallelen Prozesse als In-
       strument zur Modellierung und Simulation sozio-
       technischer Systeme. Stuttgart, Universität,
       Dr.-rer.-nat.-Diss. 1977.

/59/   Tolle, H.:   Optimierungsverfahren. Berlin, Heidelberg,
       New York: Springer 1971.

/60/   Voß, W.:   Minimierungsaufgaben in der Statistik.
       Köln: Bund - Verlag 1975.

/61/   Warnecke, H.J.; Warschat, J.: SIMUPLAN. Simulations-
       modell zur praxisgerechten Unternehmensspla-
       nung. Zwischenbericht an die DFG. 1979.

/62/ Wiberg, D.M.: State Space and Linear Systems. New York:
      Schaum/McGraw-Hill 1971.

/63/ Zahn, E.:   Das Wachstum industrieller Unternehmen.
                       Wiesbaden: Betriebswirtschaftlicher Verlag
                       Dr. Th. Gabler 1975.

/64/ Zimmermann, H.-J.: Einführung in die Grundlagen des Ope-
                       rations Research. München: Verlag Moderne
                       Industrie 1971.

8   ANHANG

8.1   Systemdefinitionen

8.1.1   Vorbemerkung

Die folgenden fünf Systemdefinitionen gehen auf Klir /31/ zurück.
Sie dienen in dieser Arbeit (Kapitel 2) zur Klassifizierung der
verwendeten Modellart.
Die Systemdefinitionen sind so geordnet, daß mit steigender Zif-
fer die Information, die zur Definition benötigt wird größer
wird, das bedeutet jedoch nicht, daß sämtliche Definitionen auf-
wärtskompatibel sind. Definition 2 umfaßt Definition 1, Definition 5 beinhaltet jedoch nicht Definition 4.

8.1.2   Systemdefinition 1

"Ein System ist definiert durch die Menge seiner externen Attribute und deren Auflösungsgrad."
Formal: Die Menge der externen Attribute $\{v_1, v_2, \ldots v_n\}$ sei mit
$\bar{V}$ bezeichnet. Die Menge der Zeitpunkte $\{0 \leqq t \leqq t_{max}\}$ bei denen
die Attribute beobachtet werden, sei mit $\bar{T}$ und die Wertemengen,
die die Attribute $v_i(t)$ annehmen können, seien mit $\bar{V}_i$ bezeichnet.
Dann ergibt sich der Auflösungsgrad zu:

$$\bar{L} = \left\{ \bar{V}_1, \bar{V}_2, \ldots \bar{V}_n; \bar{T} \right\} .$$

Damit ist das System definiert durch:

$$\bar{S} = \left\{ v_1, v_2, \ldots v_n; t; \bar{V}_1, \bar{V}_2, \ldots \bar{V}_n; \bar{T} \right\} = \left\{ \bar{V}; t; \bar{L} \right\} .$$

Diese Definition stellt das System als "black-box" dar, wobei nur
die Wertebereiche, die die externen Attribute (Input und Output)
annehmen können, als bekannt vorausgesetzt werden.

8.1.3   Systemdefinition 2

"Ein System ist definiert durch seine gegebene Aktivität."
Formal: $\bar{S}$ ist definiert durch eine gegebene Menge der Werte $v_i(t)$
und alle Zeitpunkte $t \in \bar{T}$. Damit ergibt sich $\bar{S}$ zu:

$$\bar{S} = \left\{ v_1(t),\ v_2(t),\ \ldots\ v_n(t)\ \Big|\ t \in \bar{T},\ v_i(t) \in \bar{V}_i,\ i = 1,\ldots,n \right\}.$$

Mit Definition 2 ist eine zeitabhängige Wertetabelle (Protokoll) bestimmt, die alle Werte, nicht nur die Wertebereiche, der externen Attribute angibt.

8.1.4 Systemdefinition 3

"Ein System ist definiert durch sein gegebenes permanentes Verhalten, d.h. durch eine zeitinvariante Beziehung (Relation) zwischen vergangenen und/oder momentanen und/oder zukünftigen Werten der externen Attribute."

Formal: $\bar{S} = \bar{R}_{1 \leq i \leq m}\ (\bar{P}_i) \subseteq \underset{1 \leq i \leq m}{\textbf{X}}\ \bar{P}_i$

mit $\bar{P}_i = \bar{V}_j$ wobei $i \longleftrightarrow (j,\ \Delta t)$ eine Eins-zu-Eins-Zuordnung ist, so daß die $\bar{P}_i(t)$ aus den $\bar{V}_j(t+\Delta t)$, also durch eine Zeitverschiebung entstehen.

Gegenüber der Systemdefinition 2 interessieren also zeitinvariante Beziehungen zwischen den Systemattributen, so daß gesetzmäßige Zusammenhänge bekannt sind.

8.1.5 Systemdefinition 4

"Ein System ist definiert durch die Angabe seiner UC-Struktur."
Die UC-Struktur gibt die Menge der Elemente $\bar{E}$ des Systems $\bar{S}$, deren Verknüpfungen $\bar{C}$ untereinander und das Verhalten $\bar{E}_i$ jedes der Elemente $\bar{e}_i$ der Menge $\bar{E}$ an.

Formal: $\bar{S} = \left\{ \bar{E},\ \bar{C} \right\}$ mit

$$\bar{E}_i = \bar{R}_{1 \leq i \leq m}\ (\bar{P}_i) \subseteq \underset{1 \leq i \leq m}{\textbf{X}}\ \bar{P}_i\ .$$

8.1.6 Systemdefinition 5

"Ein System ist definiert durch die Angabe seiner ST-Struktur."
Die ST-Struktur ist gegeben durch die Menge der Zustände $\bar{Z}$ des Systems und der möglichen Übergänge von einem Zustand in einen anderen, ausgedrückt durch die Relation auf dieser Zustandsmenge.

Formal: $\bar{S} = \left\{ \bar{Z},\ \bar{R}\ (\bar{Z},\ \bar{Z}) \right\}$

mit $\bar{R}\ (\bar{Z},\ \bar{Z}) = \bar{Z} \times \bar{Z}$.

8.2   <u>Berechnung der Eigenwerte des Modells von Bradshaw und Porter</u>

8.2.1   <u>Vorgehensweise</u>

Zur Ermittlung des Verhaltens von Modell (5.6) bei optimaler Regelung mit einem stationären Riccatiregler wird folgender Weg vorgeschlagen:

1) Die stationäre Matrix K^* wird z.B. nach dem Verfahren von Kleinman /30/ oder nach Bucy und Joseph berechnet (Anderson und Moore /1/, in vorliegendem Fall verwendete Verfahren).

2) Durch das Nullsetzen von Gleichung (5.14) ($\underline{\dot{r}}(t) \overset{!}{=} 0$) ergibt sich für den stationären Vektor

$$\underline{r}^*(t) = C^{-1} K^* \underline{b}_3 z(t) \qquad (C \text{ regulär}) \tag{8.1}$$

$$\text{mit } C = Q \underline{b}_2 \gamma^{-1} \underline{b}^T - A^T + K^* \underline{b} \gamma^{-1} \underline{b}^T.$$

3) Über das optimale Regelgesetz ergibt sich damit die Gleichung des geschlossenen Regelkreises zu

$$\underline{\dot{x}}(t) = \tilde{A} \underline{x}(t) + \tilde{\underline{b}} z(t) \tag{8.2}$$

$$\text{mit } \tilde{A} = A - \underline{b} \gamma^{-1} (\underline{b}_2^T Q + \underline{b}^T K^*) \quad \text{und}$$

$$\tilde{\underline{b}} = \underline{b}_3 - \underline{b} \gamma^{-1} \underline{b}^T C^{-1} K^* \underline{b}_3.$$

Das System (8.2) hat die Lösung

$$\underline{x}(t) = e^{\tilde{A}t} \underline{x}_0 + \int_0^T [e^{\tilde{A}(t-\tau)} \tilde{\underline{b}} z(\tau)] \, d\tau. \tag{8.3}$$

Für die Störfunktion (5.28) muß das Integral numerisch ausgewertet werden. Wenn als Störung die häufig verwendete Sprungfunktion mit der Sprunghöhe z_0 angenommen wird, ergibt sich für einen Sprung zum Zeitpunkt $t = 0$

$$\underline{x}_s(t) = e^{\tilde{A}t} \underline{x}_0 + (I - e^{\tilde{A}t}) \underline{x} \tag{8.4}$$

$$\text{mit } \underline{x}_\infty = -\tilde{A}^{-1} \tilde{\underline{b}} z_0.$$

4) Aus dem charakteristischen Polynom für die Systemmatrix $\tilde{A}$ werden die Eigenwerte ν_i bestimmt. Mit Hilfe der Eigenwerte kann dann die Fundamentalmatrix $e^{\tilde{A}t}$ nach Sylvester angesetzt werden:

$$e^{\tilde{A}t} = \sum_{k=1}^{n} e^{\nu_k t} \prod_{\substack{i=1 \\ i \neq k}}^{n} \frac{\tilde{A} - \nu_i I}{\nu_k - \nu_i} \quad . \tag{8.5}$$

Eine weitere Möglichkeit besteht in der Berechnung der Eigenvektoren.

5) Berechnung von $\underline{x}(t)$ aus (8.3) bzw. (8.4).

8.2.2 __Beispiel__

Für die Parameterwerte $\bar{\alpha} = 0{,}5$, $\beta = 1$, $q_1 = 1$, $q_2 = 10$ und $q_3 = 1$ sind die Ergebnisse der Schritte 1) bis 5) angegeben.

1)
$$K^* = \begin{bmatrix} 12{,}54 & 12{,}71 & 2{,}81 \\ 12{,}71 & 20{,}31 & 5{,}11 \\ 2{,}81 & 5{,}11 & 4{,}48 \end{bmatrix} .$$

3)
$$\tilde{A} = \begin{bmatrix} -1{,}82 & -1{,}59 & -0{,}35 \\ 1 & 0 & 0 \\ 0 & 1 & 0 \end{bmatrix} .$$

$$\underline{\tilde{b}}^T = \begin{bmatrix} 1{,}82 & -1 & 0 \end{bmatrix} .$$

4)
$$\nu_1 = -0{,}31421$$
$$\nu_{2,3} = -0{,}75164 \pm 0{,}74262 \; j \qquad \text{(Eigenwerte)}$$

Damit ergibt sich aus (8.5) mit $\nu_1 = -a_0$, $\nu_2 = -a_1 + bj$ und $\nu_3 = -a_1 - bj$:

$$e^{\tilde{A}t} = e^{-a_0 t} \frac{\tilde{A}^2 + 2a_1\tilde{A} + (a_1^2 + b^2)I}{a_0^2 - 2a_0 a_1 + a_1^2 + b^2} +$$

$$e^{-a_1 t} (\tilde{A} + a_0 I) \frac{(-b \cos bt + (a_0 - a_1) \sin bt)(\tilde{A} + a_1 I)}{b(b^2 - (a_0 - a_1)^2)} +$$

$$e^{-a_1 t} (\tilde{A} + a_0 I) \frac{b((a_0 - a_1) \cos bt + b \sin bt)I}{b(b^2 - (a_0 - a_1)^2)} \quad . \tag{8.6}$$

Mit den Zahlenwerten ergibt sich:

$$e^{\tilde{A}t} = e^{-0,31t} \begin{bmatrix} 0,48 & 0,20 & 0,15 \\ -0,31 & -0,63 & -0,47 \\ 1,35 & 2,02 & 1,50 \end{bmatrix} +$$

$$e^{-0,75t} \begin{bmatrix} -1,86 & -4,27 & -1,16 \\ 3,30 & 4,14 & 0,97 \\ -2,78 & -1,74 & -0,27 \end{bmatrix} \cdot \cos 0,74t +$$

$$e^{-0,75t} \begin{bmatrix} -4,20 & -5,79 & -1,40 \\ 4,01 & 3,08 & 0,57 \\ -1,63 & 4,52 & 0,49 \end{bmatrix} \cdot \sin 0,74t \quad .$$

5) Numerische Ermittlung der Gleichung (8.3) vgl. Bild 39.

8.3 Komplexes Modell in DYNAMO-Darstellung

8.3.1 Vorbemerkung

Das in Kapitel 5.6 im Blockschaltbild gezeigte Modell basiert
auf einer Modellstudie von Zahn /63/. Zum Vergleich der Dar-
stellungsformen soll hier das Modell in seiner ursprünglichen
DYNAMO-Notation gezeigt werden.
Die sich anschließenden Bilder zeigen das Verhalten des ursprünglichen Modells im Standardlauf und bei einer Variation der Parameter im Kapazitätsbereich.

8.3.2 DYNAMO-Flußdiagramm des Modells

Bild 57 zeigt das Modell in Form eines DYNAMO-Flußdiagramms. Die
Symbole sind - mit Ausnahme der "Delays" - in Abschnitt 2.3.4
erklärt.

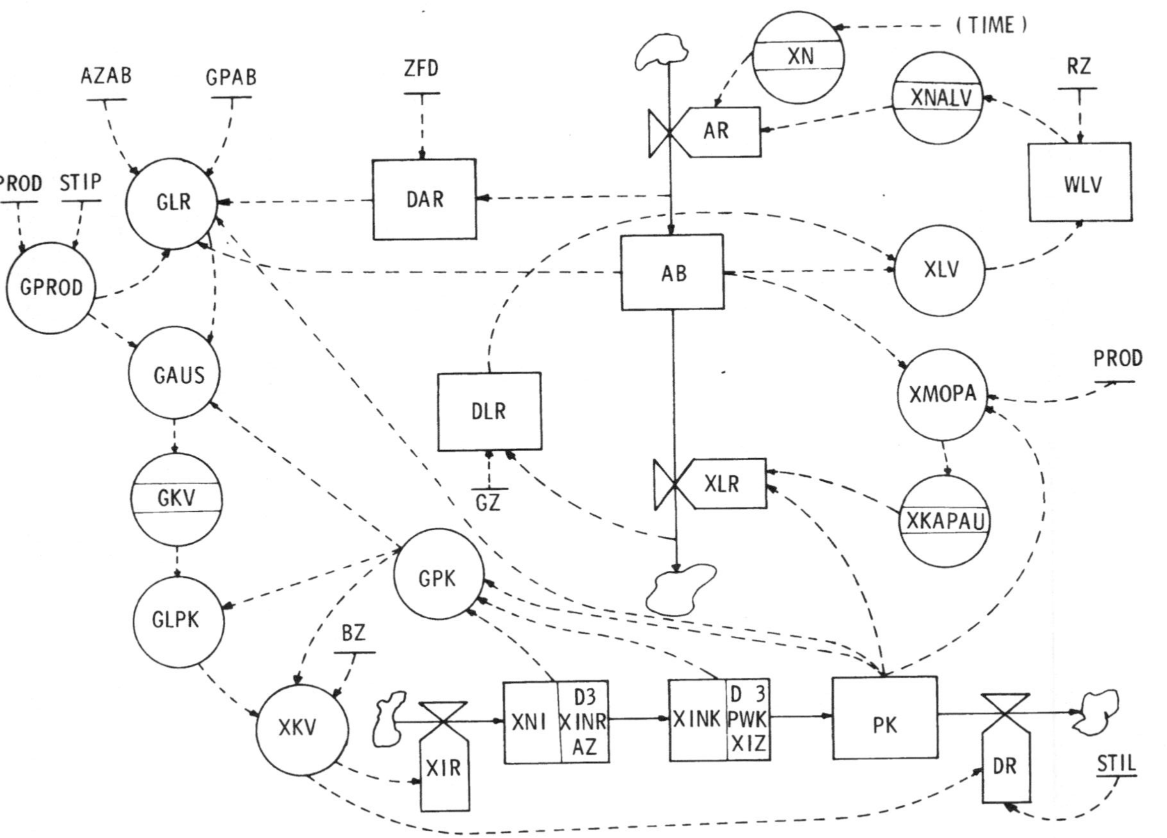

.Bild 57: DYNAMO - Flußdiagramm des komplexen Modells

Die beiden Delays (vgl. Niemeyer /43/) sind von dritter Ordnung,
d.h. sie entstehen durch die Hintereinanderschaltung von drei
Delays erster Ordnung. Diese wiederum können durch die in Bild 58
gezeigte Level-Rate-Kombination dargestellt werden.

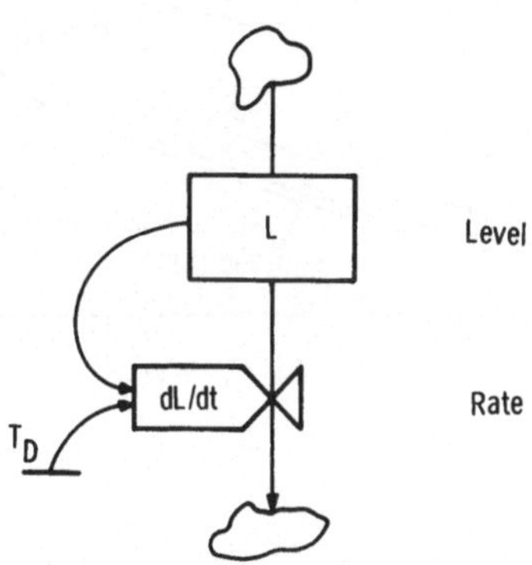

Bild 58: Delay erster Ordnung

Die Gleichung für ein Delay erster Ordnung lautet:

$$\frac{dL}{dt} = \frac{L}{T_D}$$

8.3.3 Das Verhalten des Modells

Bild 59 zeigt das Verhalten des Modells bei leicht verzögerter
Anpassung der Kapazitäten an die Nachfrage.

Um eine schnellere Anpassung der Kapazitäten zu erzielen, werden die Größen AZ von 6,0 auf 3,0 und XIZ von 6,0 auf 1,0 reduziert. Die Auswirkungen dieser Maßnahme zeigt Bild 60.

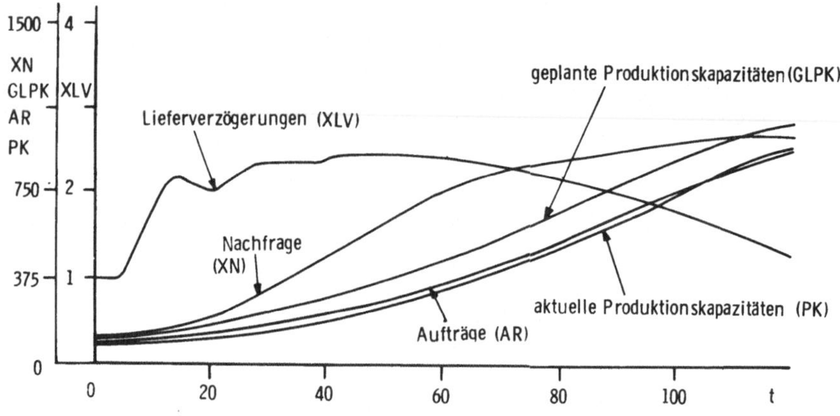

Bild 59: Verzögerte Anpassung der Kapazitäten an die Nachfrage

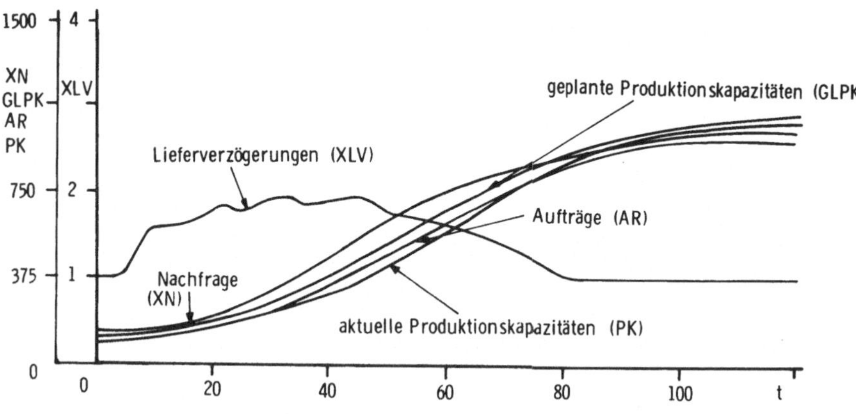

Bild 60: Schnellere Anpassung der Kapazitäten durch kürzere
Verzögerungszeiten

IPA Forschung und Praxis

Schriftenreihe aus dem Institut für Produktionstechnik und Automatisierung, Stuttgart

Herausgeber: Prof. Dr.-Ing. H. J. Warnecke

Stufenweise Ableitung eines praktischen Planungssystems für den Entwicklungsbereich
Von R. Hichert. ISBN 3-7830-0149-8.
1978, 151 Seiten, kartoniert.   52,— DM

Produktionsplanung mit Auftragsfamilien
Von U. W. Geitner. ISBN 3-7830-0161.7.
1979, 110 Seiten, kartoniert. 45,— DM

Thermisch-chemisches Entgraten
Von T. Wagner. ISBN 3-7830-0164-1.
1979, 111 Seiten, kartoniert. 45,— DM

Untersuchung der Materialflußkosten bei ausgewählten Systemen der Zentralen Arbeitsverteilung
Von R. Wenzel. ISBN 3-7830-0162-5.
1979, 168 Seiten, kartoniert. 86,— DM

Anpassung und Einführung eines Planungssystems für die Ablaufplanung im Konstruktionsbereich
Von W. Dangelmaier. ISBN 3-7830-0163-3.
1979, 168 Seiten, kartoniert. 80,— DM

Längenmessungen an bewegten Teilen mit berührungslos wirkenden Aufnehmern
Von H. Lang. ISBN 3-7830-0157-9.
1979, 89 Seiten, kartoniert. 42,— DM

Untersuchung multistabiler Strömungselemente und ihr Einsatz in sequentiellen Steuerungen
Von A. Ernst. ISBN 3-7830-0157-9.
1979, 122 Seiten, kartoniert. 48,— DM

Taktile Sensoren für programmierbare Handhabungsgeräte
Von M. Schweizer. ISBN 3-7830-0158-7.
1979, 91 Seiten, kartoniert. 42,— DM

Die rechnerunterstützte Prüfplanung
Von P. Bläsing. ISBN 3-7830-0152-8.
1979, 100 Seiten, kartoniert. 44,— DM

Verfahren zur Fabrikplanung im Mensch-Rechner-Dialog am Bildschirm
Von W. Ernst. ISBN 3-7830-0156-0.
1979, 218 Seiten, kartoniert. 72,— DM

Rechnerunterstütztes Verfahren zur Leistungsabstimmung von Mehrmodell-Montagesystemen
Von M. Görke. ISBN 3-7830-0155-2.
1979, 139 Seiten, kartoniert. 50,— DM

Standortbezogene Betriebsmittel
Von G. Pflieger. ISBN 3-7830-0167-6.
1979, 127 Seiten, kartoniert. 52,— DM

Die betriebswirtschaftliche Beurteilung neuer Arbeitsformen
Von B.-H. Zippe. ISBN 3-7830-0168-4.
1979, 350 Seiten, kartoniert. 98,— DM

Untersuchung des Arbeitsverhaltens programmierbarer Handhabungsgeräte
Von B. Brodbeck. ISBN 3-7830-0169-2.
1979, 117 Seiten, kartoniert. 48,— DM

Untersuchung eines kohärent-optischen Verfahrens zur Rauheitsmessung
Von N. Rau. ISBN 3-7830-0174-9.
1979, 117 Seiten, kartoniert. 48,— DM

Entwicklung einer programmierbaren, pneumatischen Steuerung
Von D. Klemenz. ISBN 3-7830-0171-4.
1979, 93 Seiten, kartoniert. 42,— DM

Diese Berichte sind zu beziehen durch den Krausskopf-Verlag, Lessingstraße 12, 6500 Mainz

IPA Forschung und Praxis

Berichte aus dem Fraunhofer-Institut für Produktionstechnik und Automatisierung, Stuttgart, und dem Institut für Industrielle Fertigung und Fabrikbetrieb der Universität Stuttgart

Herausgeber: Prof. Dr.-Ing. H. J. Warnecke

Die Berichte 38 und folgende sind zu beziehen durch den Springer-Verlag, Berlin Heidelberg New York